心/灵/成/长/系/列

最长情的告白

李锦平 / 著

U0747110

陪伴，

中华工商联合出版社

图书在版编目（CIP）数据

陪伴，最长情的告白／李锦平著．—北京：中华
工商联合出版社，2020.10
ISBN 978 - 7 - 5158 - 2831 - 2

Ⅰ.①陪… Ⅱ.①李… Ⅲ.①人生哲学 - 通俗读物
Ⅳ.①B821 - 49

中国版本图书馆 CIP 数据核字（2020）第 159258 号

陪伴，最长情的告白

作　　者：李锦平
出 品 人：刘　刚
责任编辑：胡小英
封面设计：田晨晨
版式设计：北京东方视点数据技术有限公司
责任审读：李　征
责任印制：陈德松
出版发行：中华工商联合出版社有限责任公司
印　　刷：盛大（天津）印刷有限公司
版　　次：2020 年 10 月第 1 版
印　　次：2024 年 1 月第 3 次印刷
开　　本：710mm×1020mm　1/16
字　　数：135 千字
印　　张：12
书　　号：ISBN 978 - 7 - 5158 - 2831 - 2
定　　价：68.00 元

服务热线：010 - 58301130 - 0（前台）
销售热线：010 - 58302977（网店部）
　　　　　010 - 58302166（门店部）
　　　　　010 - 58302837（馆配部、新媒体部）
　　　　　010 - 58302813（团购部）
地址邮编：北京市西城区西环广场 A 座
　　　　　19 - 20 层，100044
http://www.chgslcbs.cn
投稿热线：010 - 58302907（总编室）
投稿邮箱：1621239583@qq.com

序

PREFACE

　　当一对倾心相爱的男女，奉爱之名当众紧紧相拥，宣誓携手，那时，他们就可以开始人间最伟大的身份——为人父母。那时，他们就开始期盼生活中一定要有你的加入，有你的降生。因为只有再加上你，才能成为幸福的家庭，才能成为圆满的人生；因为你是他们的爱情的结晶，你才是他们今生无悔的见证。为了这一刻幸福的团聚，你们都开始尽心努力了。一朝孕育，十月怀胎，产痛，临盆，诞生！你终于来了，他们的孩子！千呼万唤中，也带着你的疑虑、你的懵懂、你的憧憬。

　　你化解了父亲因过度喜悦而出现的焦虑，你消除了母亲因长久思念而产生的忧郁，这一段旅程他们都挣扎煎熬了好久！

　　感激有爱！感激有她！感激有你！而你，更是他们以爱之名培养抚育、生生不息的继续。从你出生落地，你就是父母世界里的全部，你的每一个细微的举动都震撼着他们的神经。喂你吃奶、翻身、换洗尿布，不舍昼夜；强忍自己连天的哈欠，依旧为你耐心地轻拍，哼唱安抚你的小夜曲，直至你停止哭闹甜蜜安睡。他们也时常惊慌失措，不知你因为什么生气犯急，总相信你是天使降临凡间，于是，加倍的警觉，好生侍候小心翼翼。

慢慢地，你接受了他们的诚意，你允许甚至喜欢他们碰你，在某一个爱惜的拥抱中你偶尔会回报舒心的微笑，之后你们的磨合与默契会越来越好。你会爬了！所到之处狼藉遍地；你学步了！蹒跚踉跄。总之，你的每一次新的尝试，每一次进步，都饱含他们的满足与欣喜。

你撒在父亲脖颈里的气息浓郁的尿液，回忆中依然有湿热的感觉；你当年在墙壁上胡乱的涂鸦，被他们视为最美最丰富的动感童话；你的第一声"爸爸""妈妈"，被他们视为这世界上最感人最动听的声音，奶声奶气至今不忘，并且时刻铭记、牢固珍藏。

孩子啊！请你无论如何坚信，他们真心地爱你，有时胜过爱他们自己。他们宁愿倾其所有，力求做到最好。

本书主要选编了感怀父母抚育儿女及儿女孝敬父母的相关文章。在阅读、编审过程中，那么多感人的过往，那么多催人泪下的经历，重温这些，于我而言，也是非常难得的教育和激励。本书内容大部分是主人公的亲身经历，采用第一人称的表达方式，最为亲切真实。但也有两篇例外的稿子，《夕阳号特别慢车》和《数学奇才的农妇妈妈》，因为这两个故事当时在社会上非常轰动，几乎受到来自全国的关注与响应，我们的作者当时也恰好参与了事件的采访，而内容又恰好符合本书主题，所以一并收录。这两篇稿子保留了采访角度，无法变通成参与事件的第一人称。

另外，更加重要的是，多数感恩父母双亲的同类型文学作品极尽讴歌赞美，也就是正向的教育感化，而本书在选编过程中，还意外收到了"另类"的稿件，从另外的角度阐述了多姿多彩的人生。其实生活现实便是如此，这也不禁促使我们进一步去想：假如在我们作为孩子时接受的培养教育有缺陷该怎么办呢？书中的文章也许具有一些启发参考和指导性意义。

我相信，个体人性的成熟完美，才能最大限度地带来社会的和谐与世界的美丽和平。所以，我们将更加期待每一个小我都能最终走出狭隘的个人偏见，愉快地融入整个社会大环境中。

就在本书统筹完毕之余，也刚好收到一位母亲写给儿子的一篇成人礼赞，读来温馨而感动，特别附在这里，以飨读者。

亲爱的儿子：

当你读着这封信时，但愿你一直都是笑着的，因为你知道，并且真切地相信，父母一生最大的渴求，就是你的健康快乐和幸福平安！除此之外，还有什么比这更加重要的呢？

古人二十弱冠，眼下你虽刚满十八，但这一差距并非绝对重要，重要的是，自此你要学会挺胸抬头，勇敢承担。我和你爸早就说好，决定要在你人生的重要时刻，为你举办郑重的成人礼。面对人生的责任与义务，要关心、牢记，随时警醒，认真履行。

今天是你的成人礼，这也意味着你即将走进一个更加广阔的世界。你原本就是家庭中暂存的天使，感谢你带给我们的欢乐！感谢你给我们的陪伴！成人，意味着心理层面的成熟，你是属于社会的，我们将放手，纵然心底里有那样多的不舍。有时我也不禁怀疑，究竟是你依赖我们更多一些，还是我们更加舍不得离开你。

时至今日我都依旧有些想不明白，时间怎么会过得这么快呢？仿佛一切都是昨天发生的事情，还都是刚刚开始。体重6.5斤，身高50厘米的一个可爱的小宝宝，如何转瞬间就长成一个高高大大的男子汉了呢？我只能为你的成熟骄傲自豪！

自你降生后，你的所有哭闹、调皮、生气，与天真、纯洁、诚实、认真、坚毅，这些统统成了我们喜悦满足、爱惜珍藏的点点滴滴。

如今你已经长大了，即将面对崭新的完全属于你自己的独立学习、工作与生活。我们祝福你！

你将用自身的具体行动验证我们的教养，磨炼、见证自己的成长与辉煌，我们深信这一次，面对新的人生课题，你依旧能够交出满意的答卷。

感激今生，今生有你，有你荣幸，荣幸感激。

你的妈妈

现在，亲爱的朋友，我邀请您和我一起，在这样一个温暖的季节，共同阅读这些感人篇章，一起感受亲情人伦的酸甜苦辣。

目 录
CONTENTS

[第一章] **人生指引**

[第六章] 责任承担

有一种东西很凉，因为它连接着人心底的忧伤

人们通常小心地把它通称为泪

它最擅长爬进眼眶，并不为乞求在那里栖息久住

也不为在那里闪耀光芒

它会毫不吝惜地直接跌落，制造一地的恓惶

然而，还有更可怕的一种

就是那长久蓄积在心底的泪珠

当你深入地洞穿，你会感到这保留着的

深藏不露的一颗更加沉重珍贵

因为一旦你不慎将它失落

那也许是你整个人生都偿付不起的

彻底坍塌

爸爸没流泪

今天是周末，我去帮齐亚收拾出国的行李。

三个月前，齐亚创下了青岛市全球雅思通用考试的最高分——8.5分。我一边看她的成绩单，一边羡慕地直摇她的胳膊。

"齐亚，你从小学习就出类拔萃，这次又可以为你的履历增添一笔完美的佐证。不知道这城市里，有多少家长正暗地里将你奉为他们孩子的学习榜样！"

"其实，"齐亚转头望一眼正在客厅里看电视的父亲，"我的成绩也曾经一度下滑得很厉害。"齐亚的语气黯了下去。

在我的记忆里，她好像从来都是十项全能冠军。怎么会……

接着，齐亚缓缓地给我讲述起那段至今想来仍令她后悔不迭的日子——

那年7月，我收到重点高中的录取通知书，高兴得想马上将这个喜讯第一个报告给父亲。父亲的工作单位就在街心花园对面的审计局，我一路小跑，在这个城市的街道上，好似一只欢快的小鸟。就像心有灵犀一般，当我飞奔到跟前时，父亲竟然早已经在楼下静静地等我。

我扬了扬手里的录取通知书，大声地说："爸爸，我考上重点高中了。"

父亲拍了拍我的肩膀，好似有许多话要说，仿佛又什么都说过了，最终就只是满含深情地微笑，那微笑饱含了他深挚的满足。父亲木讷，不善表达，只用他的实际行动影响推动着我，尤其自母亲离开后。

那天晚上，他带我去吃刀削面，妈妈生前最拿手的就是刀削面。我们两个人，默默地吃面，好似在以这种方式团聚，并且告慰母亲：我无愧于她生前的希望。

进入高中后，开始住校，这让我第一次体会到一个人自由支配时间的快乐。尽管上课仍要占去一天中的大部分时间，但考进重点的荣耀以及被人奉为偶像的那种成就感无时无刻不萦绕着我，我飘飘然了！渐渐地，花在功课上的时间越来越少，我总以为凭借我的聪明与良好的基本功，仍然可以在学期段考中继续保持偶像的光环。

晚自习室，再也看不到我的身影，我去逛街、吃小吃摊，甚至逃课去学校附近的影楼看各种碟片；晚间，寝室的灯还没有熄，我却早已经没心没肺地安然入睡。要知道，学习是紧张的，大多数同学唯恐落下课程，随时都在复习巩固，不敢怠慢。

我是独女，又第一次住校，父亲隔三岔五就会来学校给我送生活费，一再叮嘱我吃好、吃饱，不要缺了营养，千万照顾好自己！

充裕的生活费更加让我变得好吃懒做并且大肆地挥霍起来。

除了零食，我每天的正餐都要去固定饭馆点餐，一个月的生活费从400元加到600元，父亲从来没多问过一句，而我也竟愈发过得心安理得，短短的三个月，在学习成绩没能得到检测之前，我的体重猛增了20斤。

轻狂与自负最终让我尝到懈怠的苦味。

高一学期期末考试，我的成绩排名是第60。

60名啊！开什么玩笑？这怎么可能？我们全班的人数才72，而我一向是第一，第一！这该是多么大的打击！这与倒数还有什么区别？

考卷发到手里时，我的脑子一下懵了。无知无觉地长久空白、断片，仿佛深重地跌入一个无限空洞黑暗的世界，麻木迟钝，完全缺少与生活现实的真实链接。

不知过了多久，恍惚有了苏醒和恢复的感觉，我觉得四周充满了各种叽叽喳喳的议论、嘲笑、讥讽，那么多无情的目光关注着我，不只是如芒在背，不只是抬不起头，难言的羞辱与无尽的自责，昔日的荣耀自豪以及被景仰如同强烈的聚光灯败露着我的愧疚汗颜。

我不记得那天是怎么回的寝室。

下午学校就要放假了，父亲会过来帮我把行李运回家。我该怎么面对他？

我一直呆坐在床上，连父亲推门而入的声音都没听到！只感觉我手上的试卷被接了过去，然后，我抬起头，神色木然地盯着父亲……

没有声音，没有声音。

而我，仿佛看到父亲的眼角透露着无尽的忧伤，那忧伤诱使着冰凉的泪珠爬满眼眶。但是，也许是它自己害怕凄惨地冻在那里，就怯懦地溜走，乖巧地回流到父亲宽厚的心底；也许是父亲害怕我看到他的忧伤，更害怕他的忧伤会不能自控，转变成愤怒使我受伤。可是当时，我是多么希望父亲能火冒三丈、大发雷霆、气势汹汹，或者更加干脆地给我一记耳光！请您骂我打我，我对不起您！我不争气！我可以不好好学习，我甚至可以挥霍有关我自己的未来，可我唯独不能倚仗您的满心期待，花费您的辛勤血汗，无耻地满足我私欲的虚荣！凭什么？就因为我是你唯一的孩子？就因为您爱我宠我纵容我？这同样是野蛮的欺诈！这一样是无耻的蒙骗！只是您以亲情构筑的宽宏不忍责难我而选择了原谅。

我注视着父亲，父亲注视着成绩单，父亲仿佛把成绩单中所能包含的一切内容都无声地收藏在他的眼底，而我也同样把父亲在这一刻沉默注视中所能表达的一切宽厚嵌入我深刻的记忆。

父亲非常冷静仔细地叠起我的成绩单，然后又一如既往地耐心打包我的行李。再之后，我们竟然就那样悄无声息地离开了学校，直到今天，父亲都没再提起。但是那个假期，我发愤苦读奋起直追，再不敢懈怠！因为，不敢辜负，辜负不起！

在这个世界上，什么都可以忘记

而唯有母爱

却独独不可以

想起母爱，我会立即热血奋涌

母爱如此厚重

就算我倾尽一生所有

又如何报答得起

可是，妈妈说，孩子啊

母爱不要报答

当你也为人父母，你也是一样的

那么，母爱是传承

传承世间最美的人性

数学奇才的农妇妈妈

他是一位数学奇才，他是第38届国际奥林匹克数学竞赛的金牌获得者，而他获此殊荣时，年仅19岁。他，就是我们故事中的主人公——安金鹏。

安金鹏出生在天津武清县大友岱村，他有一个天下最好的母亲叫李艳霞。就是这样一个平凡的女人，却促使出生于贫苦乡村的安金鹏成长为震惊世界的数学奇才。

安金鹏小时候家里实在太穷了，自他出生开始，奶奶便病倒在了炕头上，他刚满四岁那年，爷爷又患了支气管哮喘和半身不遂。家里欠的债一年比一年多，而母亲李艳霞却只有默默地承担着这一切。

安金鹏是在七岁时上学的，学费是妈妈找人借的。那时，学校里不论大考小考，他总能考第一，数学更总是满分，这也是让母亲李艳霞最为骄傲的事情了。她也想就这样一直支持他学下去。在妈妈的鼓励下，安金鹏越学越有劲，越学越快乐。这时，他也完全显现出了在数学上的天分。他没上小学就学完了四则混合运算和分数小数；上小学又靠自学弄懂了初中的数理化；上初中就自学完了高中的数理化课程。1994年5

月，天津市举办初中物理竞赛，安金鹏是天津市郊五县学生中唯一考进前三名的农村孩子。

后来，安金鹏被天津一中破格录取，他欣喜若狂地跑回家，可他没想到，当他把喜讯告诉家人时，他们的脸上竟会堆满愁云：爷爷奶奶去世不到半年，家里现在已有一万多元的外债，哪里还有钱再供他读书啊！

安金鹏是个孝顺懂事的孩子，他心里明白，不能再给家里增添丝毫的负担。他偷偷地把"录取通知书"叠好塞进枕套里，接着开始每天帮妈妈下地干活。可是刚过了两天，他和父亲几乎同时发现：家里的毛驴不见了！这还了得！爸爸急了，铁青着脸责问妈妈："你把毛驴卖了？你疯了？那是咱家唯一可以依仗的壮劳力！以后耕地、种庄稼、卖粮食，你去用手推、用肩扛啊？再说了，你卖毛驴的那几百块钱能供金鹏念一学期还是两个学期……"

那天，一向坚强不屈的李艳霞竟是以那样一种柔弱的声音撕心裂肺地哭了！她甚至拼尽力气用很凶的声音吼爸爸："娃儿要念书有什么错？金鹏考上市一中在咱武清县那也是独一份呀，咱不能总让'穷'字把娃的前程耽误了！你放心，没了驴，我就是用手推、用肩扛也要让他继续把书念下去……"这话语掷地有声，既是母亲自我的决心，同时也是对天地发出的铮铮誓言！

有了这些钱，安金鹏又能继续读书了。他比以前更加勤奋用功，他不能辜负母亲的希望。可真是天有不测风云，一波未平一波又起，勉强安稳平静的日子没过多久，安金鹏的父亲又被诊断出肠息肉，李艳霞只好再次借钱为安金鹏的父亲做了手术，此时安金鹏的家里更是负债累累了。难以想象，假如再有什么变故，李艳霞还能继续向人家开口借钱吗？而即便勉强开口，还会有人继续借给她吗？

凡事都有边界，信任有限，偿还也要有能力。大家心里十分清楚，李艳霞除了迫于眼前的救急与无奈，单凭她自己，从未忘记自强的努力。也正是凭借这一令人唏嘘赞叹的不屈品质，乡亲们不仅同情，而且更加信服敬佩这个女人。

一天，一个好事的邻居忍不住告诉安金鹏：他的母亲是用一种原始而悲壮的方式一个人完成全部收割。她没有足够的力气把麦子挑到场院去脱粒，也无钱雇人使用脱粒机，她就熟一块割一块，然后用平板车拉回家里，晚上再在院里铺一块塑料布，然后用双手抓一大把麦秆在一块大石头上摔打脱粒……三亩地的麦子啊！就只靠她一个人连割带运再接着摔打脱粒，她累得站不住了就跪着割，膝盖磨破了渗出了血，连走路也是一颠一颠的……

安金鹏不等邻居说完，便飞奔回家，一把从背后抱住正在为他缝衣服的母亲，大哭道："妈妈，妈妈，我再不能读下去了呀……"

李艳霞耐心地安抚着孩子，"娃啊！妈的这点苦算不得什么！妈更心疼你的将来，你总不能也像我们一样一辈子就安心窝在咱这穷山沟里吧？离开这里，出去，到外面干大事那才叫有出息！放弃学习，放弃理想，那不叫心疼妈，那叫窝囊废！妈瞧不起！听话！心疼妈就做个好样的给大家看看！妈想要那样的报答！求人欠人的要偿还，自己能动手干得来的就不要觉得苦难艰辛，尤其做咱穷苦人，勤奋点不是坏事，怎可能老天掉馅饼好吃懒做？"最后她还是把孩子劝回了学校。

李艳霞为了不让孩子饿肚子，每个月底，她总是扛着一个鼓鼓的面袋子，步行十里路到大沙河乡车站再乘公共汽车来天津看安金鹏。面袋里除了方便面渣，还有她从六里外的安平镇一家印刷厂要来的废纸——那是给孩子做演算草稿用的；还有一大瓶黄豆辣酱和咸芥菜丝……

尽管这样，安金鹏从来没有自卑过，他总觉得自己的妈妈是一个向苦难、向厄运抗争的英雄，能做她的儿子是自己无上的光荣！

经过努力，安金鹏在1997年1月举行的全国数学奥赛中，以满分的成绩取得第一名，顺利进入国家集训队。入选国家集训队的是这次全国数学奥赛的前30名，安金鹏和他的队友们集中在北大数学研究院，接受了为期一个月的集训。在30天中，所有的人都要连续测考10次，每次测考均由著名教授分别命题，然后取总成绩的前六名组成赴阿根廷参加世界奥赛的中国代表队，结果10次测验安金鹏名列第一。

为了准备这两科的奥赛，他已经有大半年没有见到母亲了。测试刚一结束，他就飞快地跑到邮局，给母亲打电话："妈，我们入选国家队的六名队员中，唯有您的儿子是地地道道的农民子弟，唯有您的儿子是首次参加全国数学奥赛便入选的队员，唯有您的儿子是满分……"

妈妈李艳霞在电话那边一句一句认真地听着，心情激动得不禁落泪。

就这样，安金鹏怀着骄傲与喜悦和队友们于1997年7月25日飞抵阿根廷的海滨城市巴尔德拉马。7月27日，考试从早晨8点30分一直进行到下午2点才结束。

第二天的闭幕式上，要公布成绩了。首先公布的是铜牌的名单，安金鹏不希望听到自己的名字；接着又公布获银牌名单，中国队有一名同学获银牌；最后，公布金牌名单，一个，二个，第三个是他，是安金鹏。安金鹏当时喜极而泣，心中默默地喊道："妈妈，您的儿子成功了！"

安金鹏和另一位同学在第38届国际奥林匹克数学竞赛中分获金银牌的消息，当晚便被中央人民广播电台和中央电视台播出了。8月1日，当他们载誉归来时，中国科协和中国数学学会为他们在首都机场会客厅举行了隆重的欢迎仪式。

而此时的安金鹏只想回家，只想尽早见到他的妈妈，他要亲手把金灿灿的金牌挂在母亲的脖子上……

晚上10点多钟，安金鹏终于摸黑回到了朝思暮想的家门前。当他打开屋门时，母亲李艳霞一把搂住了儿子。同时，安金鹏也把那块金牌掏出来挂在她的脖子上，痛痛快快地哭了！

1997年8月12日，天津一中全校师生齐聚在校礼堂为安金鹏夺得奥赛金牌庆功。李艳霞——这位普普通通的农妇和市教育局的领导以及天津市著名的数学教授们一起坐在了主席台上。

那天，安金鹏说了这样一席话：

"我要用我的整个生命感激一个人，那就是哺育我成人的母亲。她是一个普通的农妇，可她教给我做人的道理却可以激励我一生……

如果说贫困是一所最好的大学，那我就要说，我的农妇妈妈，她是我人生最好的导师，我要用我的一生来感激她……"

当时，台下不知有多少双眼睛湿润了。此时的安金鹏转过身来，朝着双鬓已花白的母亲李艳霞，深深地鞠躬……

　　李艳霞，这位平凡女性，不仅造就了一位数学奇才，也让我们更深刻地领悟到母爱的卓越和伟大。

父爱的付出凝重含蓄

就像地心的岩浆冷静深藏

表面无所谓的轻松样子

永远不把实际的行动演成花言巧语

幸福理想的憧憬是他心底美好的蓝图

他一千遍的铭记承诺

早已自觉强化为身体力行的守则

他的肩上似有无穷力量

无怨无悔加倍贡献

恨不能将两代的辛劳合并

脚步稳健地夯实在地上

收缩凝聚的喘息如同射出的子弹

在合家团圆的酒宴欢快地炸响

愿受冷风吹

　　要过春节了，一位山东的朋友托人给我带来一箱当地的土特产。她在电话中告诉我：来人是坐青岛至武昌的2043次列车，晚上6点到达武昌站。她还告诉了我车厢号码及对方的姓名，让我及时去接站。最后的一句嘱咐就是：记住，千万别耽误了！

　　怀着感谢的心情，我买了一张站台票进站，这时离6点还差10分钟。

　　不知2043次列车会停靠在第几站台，我在通道的入口处询问了几个车站的工作人员，他们都说不知道。

　　"等车到站了，广播会通知的。"身边一个个子不高但很敦实的中年男子对我说。

　　他是早就站在那里的，穿着厚厚的呢子外套，围着围巾。

　　"你也是来接人的吧？"我问他。他点点头，巧的是，他要接的人与我要接的人在同一辆车上，这下好了，我放下了半颗心。

　　趁这段时间，我们就攀谈了起来。他是来接他的女儿的，大学毕业刚参加工作的第一年，原本是分到了深圳，又被单位派到了青岛，小小年纪就转战南北，做父母的自然牵挂。

　　"女儿本来不让我来接，说等到武汉了，就找这里的同学先将就挤一宿，明早再回家，我们还是不放心，就来接她。"

　　"你不是武汉的？"我很惊讶。

　　"我是汉川的。"

　　"从汉川到武昌，有近两个小时的车程。晚上好回去吗？"

　　"还好，现在晚上往那边的车也很多。"这位父亲说。

　　这时，从候车厅过来一批乘客，通道里人头涌动。看着每个人大包小裹、行色匆匆地往站台涌去，而自己等的车还没有来，心里有些着急。我无法和那个人取得联系，这位父亲也说他走的时候太匆忙，手机没带在身上，无法与女儿联系，就只好耐着性子等广播的通知。

　　我们频频地看表，6点10分早过了，可是，广播里根本没有半句关于2043次列车的消息，倒是不停地播着其他列车晚点的情况。

　　晚点，也是春运的特色之一。只要没弄错，能到就好。

　　这时过来一位工作人员，询问之下得知，2043次列车因为春运调整，6点40分才能到站，比朋友告诉我的时间整整晚了40分钟。

　　还要再等30分钟，这里太冷了，北风似乎都在往这通道的入口处呼啸而来，我建议到候车厅去等。

　　"我怕在那边听不到广播的消息，我还是在这里等吧。"他说。于是，我就一个人走了。

　　半小时后，广播传来2043次晚点的消息，大约晚点20分钟。天哪！这也就是说，原被调整后的6点40分，现在还要在此基础上继续向后拖延20分，整整推迟一个小时。

坐在温暖的候车厅里，我远远看到那位父亲站在空旷的通道入口处，很沮丧地搓着自己的双手。我走过去，告诉他，其实候车厅也能听到广播，而且暖和。

可是，他依旧坚持："不要紧，等一会儿乘客进站时人太多，我还是站在这里比较好一些，容易看见。"

一位父亲对女儿的爱，就在这样的一些细节里表露无遗，而这一切，那个做女儿的是不知道的，只有我这个旁观者清楚地看着。再或者，家人间都是已知的熟悉或是习惯着亲人的固有模式和行为，他们是否早已经安然享受那份特殊的细致温情？或者已经习惯甚至麻木无知的冷漠、理所当然？

都知道"儿行千里母担忧，母行千里儿不愁"的老话，因为这就是身份角色不同所带来的关注落点的差异。世上做父母的，自从有了孩子，似乎自己所有的牵挂与重心就全部放在了孩子身上，孩子主宰操控着父母全部的细微神经和生活。要不怎么叫"心头肉"哪？那种说不清道不明的牵挂、围绕、操劳简直就是与生俱来的，而孩子们所热衷的则大多是对外的新鲜、好奇的诱惑。

有些感受无法预知，有些感受难于设身处地，唯有时空转换，唯有亲身经历。

6点52分了，2043次列车终于缓缓地进站，那位父亲笑着冲我摆手，然后往那个他等待已久的车厢走去……

我记住了这个父亲，记住了这个人世间千百个平常普通的故事，我为那个女孩庆幸，为她感动，庆幸感动她有这样一位执着、细致、暖心的父亲。相信她会有一天忽然感受到，还在她年纪轻轻时父母相伴培养中的细致用心，相信她也一定会义无反顾地回馈给父母相同的温暖照料，而且也一定会坚定不移地将这份民族优良的传统传递下去。

时空转换，请准许我这一刻

将肃穆尊敬的母亲轻唤成妈妈

仿佛广袤的田野有和煦的春风吹拂

阳光普照下绿茵的小草接受祝福

清澈溪流中鱼儿悠闲懒散地游戏

而一只花猫预设了自己睡前的美梦

正眯起眼睛晒着太阳

羊群的相互咩叫，每一声招呼都说吃得很饱

尔后带领牧人渐隐于晚霞后的家门

妈妈有大爱，大爱无疆

妈妈是上善，上善若水

唤一声妈妈，是那么的温情柔软

唯其柔软催化着暗影的坚冰

妈妈所体现的是最无私真爱

深入诠释着绵绵人间的血肉深情

"好脸儿"的五奶

母亲是一位极其普通的农村妇女，没有什么文化，但她心地善良。母亲生长在旧时的农村，那年月，女人的重要职责就是从事家务工作，没有什么外部事务和社会地位，因此，也就可以不必有自己的名字，甚至连娘家和夫家的姓氏都是可以统统省略的。"五奶"，就是村里人对嫁人成家后母亲的一致称呼，至少从我有了记忆便是如此，以至于长久以来，我都认为这就是母亲从小到大所有属于她个人的姓氏与名字。全村人都知道，并且一致公认，五奶最强、最突出的特点就是"好脸儿"，爱面子，看重尊严名声。

五奶有两个女儿和一个儿子，我们都是五奶用奶水、掺混着汗水、泪水养育大的。别人家的父母都会说自己吃了多少苦，受了多大罪，拉扯儿女们长大成人如何不易，千遍的唠叨、万遍的叮咛要你时刻铭记，永远不要忘了报答父母的大德厚恩。可五奶从来都不讲这些，她觉得这就是父母的责任，是天经地义的，不这样反倒奇怪。逢着别的父母在她面前提起，她也总是淡淡地一句："难道当妈的不该养活孩子？"

好在我们都知道她的苦心，对五奶都特别孝顺。后来我们相继长大成人，两个姐姐在县中学当了教师，我在乡里也因表现优秀当上了干部。再后来，工作业绩更大，我的职位也不断提升。

虽然我们一天比一天有出息了，可五奶还是照着老样子继续平静地生活：吃平常的饭，穿平常的衣，做平常的活计儿；说话也依旧是平常那些家长里短，只是对乡亲们比先前更加亲近了几分。乡亲们都说她好，不像有的人家，孩子在外边当个小官就不认亲了。而五奶却说："有啥好的，怕还怕不及呢。"

怕？这话怎么说？怕什么呢？

这是五奶发自内心的忧虑。如今这社会，她总能听说外面复杂的世道，要面对各种诱惑，她怕孩子当官了人就变了，变得失去做人的本分。

后来，我当上了乡长。

有一次，我捎回来一张真皮沙发，她看了很不高兴，说："这个干啥？"

我回答："您上岁数了，有时候累了坐坐躺躺方便些。"

五奶说："什么不能坐？怎么躺到这里就舒服了？我不要，你拿走！"

我为难，解释说这是我用自己的工资特意给她买的，而五奶却说："左邻右舍都长着眼睛，别让人往歪了想。"就这样，在五奶的坚持下，我只好把沙发又重新搬走了。

许多年过去，我要从乡上调去县城任职了。我激动地抓着五奶的手说："妈，咱有好日子过了。我要带你去城里享清福。"

听说我升迁，五奶也很高兴，但她还是忍不住担忧："多大官职啊？都负什么责任啊？有能力胜任没啊？……咱啊，既不能糊弄百姓，也不能愧对国家！"

我憨笑，要五奶放心，有她的一生嘱托，我对谁都不敢辜负。

这一夜，我留了下来，在这间不大的、曾经生息相伴的祖屋，陪伴五奶。我睡得很香、很甜，睡得沉稳。

第二天，县里来车接我，临别，我端详着五奶，郑重问道："妈，还有什么嘱咐吗？"

就见五奶说："没啥，没啥！妈能嘱咐的，你心里一直清楚着。好好做事，好好做人！甭管是当了多大的官儿，都不能昧了良心，头上三尺有神明，做了坏事要受惩罚！妈只求活得安生，不被人在身后戳脊梁骨！堂堂做人就是尽孝，无愧于心就是报答。妈啥都不缺，你尽管放心，好好干你自个儿的。没啥，没啥！上车，走吧。"

车子启动了，我冲着母亲招手，五奶也在冲着车上的我示意着告别。两张笑脸，逐渐拉开距离，也慢慢撕开怀念惦记的骨肉离痕。

回过头来，我的鼻子盛满酸楚，苦涩的泪水也禁不住落下来，但心里的决心却异常强大——肩头的重担，不光是国家的信任，百姓的平安，更牵系着做人的脸面，甚至还有五奶的喜怒哀乐以及性命攸关。哪敢有差池？

五奶已经70多岁了，她依旧生活在乡下。五奶终生最大的"好脸儿"就是爱重名声。

父亲是一座山，威严挺拔

有直插云霄的信念

有踏实落地的根基

我曾是他孕育的一条小溪

围绕环抱，细心地聆听

赞叹仰望

溪流的路径曲折遥远

甚至若隐若现

但在山的怀抱

它的方向永远不会迷失

走在前面的父亲

对于诚实，我努力做到最好。无论是对工作，对朋友，还是对家人，我不敢有丝毫的怠惰和掉以轻心。这缘于我曾经亲身经历的一段有关谎言的痛苦往事。

我的家境殷实。父亲是一家公司的经理，在我刚满18岁那年，我们就已经拥有了一辆不错的私家汽车。自然，在父亲的指导下，我也学会了驾驶。

那是一个阳光明媚的清晨，父亲开车载着我和母亲去外婆家，我们要去给外婆过生日。外婆离我们家有10公里。

到了外婆家，父亲发现汽车没油了。父亲和母亲忙着给外婆收拾房间，然后让我把车开到附近的一个加油站去加油。那时候我刚刚学会开车，但却很少有机会进一步练习和掌握，这样难得的机会，我当然满口答应，美滋滋地执行。

身后，父亲嘱咐着我速去速回。

到了附近那家加油站，我和父亲经常来这里，和这里的人很熟了。他们很快为我加了油。我想趁这个机会，一定要过把瘾。从这里出去向北就进入郊区，路面宽阔，车流较少，于是我脚下油门一踩，车像箭一样蹿了出去。

车在道路上飞驰，一排排的树木向身后闪去，我把音乐声调到最大，伴随着音乐，年少轻狂的我更加血脉贲张。那是怎样的洒脱啊——挥师南下，所向披靡，一往无前，直捣黄龙！

身体感到有些累了，车速减缓下来，抬手看表，6点多了。什么？6点多了？已经过去了两个多小时？啊，这下可糟了！

我想，父亲如果知道我一直在飙车的话一定会非常生气，他肯定不会再让我开车了。我想为我编造一个很好的理由蒙混过去。

很快，我把车开回了外婆家，全家人正站在外婆家门口焦急地等待着。

我不敢正视父亲，只是低头陈述着想好的谎言。可是，我将永远不会忘记那一刻父亲教训我的话语。

"孩子，你的谎言编得不错，可你太让我失望了。"

"没，没有啊，爸，我说的全都是实话。"我试图狡辩。

父亲接下去说："不必把一个不严谨的谎言顽强硬撑。其实道理验证非常简单，当你没有按时回来的时候，我就打电话给加油站问是否出了什么问题，他们告诉我你早就把车开走了。"一种负罪感顿时袭遍了我的全身，我只好承认自己因为去飙车而回来晚了。父亲专心地听着，一阵悲伤掠过他的脸庞。

"首先，对于你能平安地回来我很庆幸，感谢老天让我放心！汽车，本是个具有相当大危险性的玩意，你没受伤让我放心。第二，在你还不具备熟练的技能和驾驶资格的时候，我冒险将它交给你，而在此期间你对其他人没有造成意外伤害，这也同样值得我庆幸。但是，除此之外，并非什么事都没有。我依旧很生气，不是对你，而是对我自己。我突然发觉，作为一个父亲，我很失败。因为，在我的眼里，无论发生天大的事，作为家人，我们父子之间都不能有一句敞开心扉的实话？我们靠什么去取得彼此的相互信任？你一定要用撒谎来骗我吗？"

"爸，我……"

"你不必多说了！今天这件事情的主要责任在我。我理应为此深刻反省，人要学会不回避责任，人也应该为他的错误甘愿接受惩罚，即使错误并没有造成惨痛的代价。我决定走着回去，这是我给自己的必要惩罚。"

父亲是个说到做到的人，我不敢再多嘴。

母亲走过来，不光为我，也好心地劝说着父亲："天都黑了！这么远的路……"父亲严厉地制止，他的态度不容商量。外公、外婆正要过来，父亲火了，他让母亲留在外婆家，然后坚定地转身，开始向家中走去。

望着这刚毅倔强的背影，母亲期待地看看我，我不得不羞愧地紧跟在父亲的后面，为此，我也将学到我人生中最重要的一课。

确实，自此开始，我再不敢漫不经心地欺骗，并一直遵从父亲的指引，沿着正直诚实的道路放心大步地前行。

从我儿时开始，父亲就是一个大写的人

顶天立地、威武不屈

他的每一个步伐都轰隆隆震天响

站立的足跟如同大厦的根基

牢固地嵌入深沉的大地

追求真理，他有夸父坚毅的脚步

抗击邪恶，他有刑天的顽强

他宽厚贤明，睿智豁达

他具备旷世的奇才，开天辟地，大智大勇

他也心思缜密、古道柔肠

我的心中，父亲的身影

一直都是擎天的信念，奋发的意志

大义凛然的天然铸造的榜样形象

从未相信你会衰老

从未相信你会怯懦瘫倒

你恒久屹立，无畏风雨

河堤上的话语

那是在我升入高三以后，因为每天紧张的复习，我患上了失眠症，而且偏头痛异常厉害。尽管我比以前更加努力地学习，但是因为头痛、耳鸣的症状不时地折磨着我，使我的大脑整日昏昏沉沉的，学习成绩提高得并不明显。

结果在高考结束后，我成为班里的12名落榜生之一。在那些沉闷而阴郁的日子里，我忽然感觉生活没有了一丝一毫的生机和希望。我先是躲在自己的房间里，蒙头大睡了两天两夜，任凭家人怎么劝说，我都足不出户、水米不沾。我感觉自己是这个世界上最无能最可耻的人，并且无法原谅自己的这一次失败。因为这一次失败，使我辜负了父母和老师多年的期望。

当我走出房间时，已是一个星期之后了。我变得沉默寡言，偏头痛依旧折磨得我痛苦不堪。有一天，我给父母留下了一封遗书，然后服下了一整瓶的安眠药。幸亏家人发现及时，立即把我送入医院抢救，才挽回了我的生命。

当我清醒过来的时候，看到守在病床前面容憔悴的父母，我流出了羞愧的眼泪。在我康复出院的第一天，父亲决定带我去一个地方。我诧异地跟随着父亲，朝村前的河畔走去。父子俩坐在被河水冲刷得坑坑洼洼的河堤上。

父亲给我讲了这么一个故事：

"那是在很多年前，有一个小男孩出生在这里，从他记事的时候开始，他就要像大人一样每天跟随着父母到田间劳作。因为，他们家生活条件非常拮据，还有一个弟弟、一个妹妹。

有一年这里发洪水，小男孩手持一根带铁钩的长竹竿守在河边，他要学着瞅准机会打捞那些河道上游冲下来的漂浮物。那一年他也就刚满了12岁，长期的营养不良致使他身体瘦弱体重不过就六七十斤的样子。他在用竹竿打捞半截枯木时，不慎被激流卷入水中，他拼命地游向那半截枯木，并死死地将它抱紧。以他当时的力量根本无法靠近岸边，于是他就跟随着那半截枯木往下游漂流而去……

村里的人都认为他根本不可能有生还的希望了，他的父母哭得死去活来。然而，两天之后，他却奇迹般地被人救起，并送了回来。

当父母和村里人激动不已地询问他是如何逃生的时候，他竟笑着说：'俺当时抓住了一块木头，然后就往下漂呀漂，就是饿得发昏，俺也没有松手。俺知道，俺一松手就再也见不到父母，还有弟弟、妹妹了……'

他就这样抓着那半截枯木，随着河水整整漂流了一天一夜，后来漂到一片开阔的河滩上，水流减缓，才被岸上网鱼的一些农人发现并联手救了起来。"

　　听父亲讲到这里，我便急着追问那个男孩以后的命运。

　　"后来，那个男孩的父亲因病去世了，使他们这个家庭背负上了沉重的债务。他被迫辍学回家，帮母亲承担起生活的重担。后来，他在一家采石场工作时，又不慎被一块飞石击伤了左臂，从此留下了残疾。他直到弟弟和妹妹都考上大学之后才结婚。

　　再后来他们家的日子逐渐好了起来，但他却在自己的好日子里遇到了一个不争气的儿子，而且，仅仅就因为一次高考的失败，便选择用自杀的方式来回报自己的父母。"

　　此时，我转脸瞅着父亲的残臂，蓦然醒悟过来：故事中的主角就是我的父亲。我忍不住愧疚的眼泪，而后，讷讷地说："爸爸，我错了……"

　　父亲望我一眼，接着意味深长地继续说下去："孩子，你不光是错了，你这么做还有罪啊！父母亲辛辛苦苦把你养大，你的身上背负着起码的做人责任哪！我们是不求回报，我们也不指望你必须有多了不起的出息，可你自杀，把我们真切的期望白白葬送了不说，你更是把我们多年的养育也白白葬送了！我们的养育就这么不值钱？你自己的生命也这么不值钱？人生有多少条道可走？生命有多少种活法？就这么点不值一提的小小挫折，你就垮了？你就不活了？这，算得了什么啊！"

　　父亲朴实的话语震撼心灵，回荡天宇。

　　不久，我毅然踏上了南下打工的列车。

　　在艰苦的工作环境中，我始终坚持自学，并重新开始构筑自己的文学梦想。

　　随着社会阅历的积累和不懈的练笔，三年之后，我的第一篇小说在一本杂志上成功发表。从此，我一发不可收拾，陆续创作了多部长篇小说和影视剧本，成为小有名气的作家。

　　此后，无论遇到什么样的困境，我的耳畔总能回想起父亲铿锵的激励："这，算得了什么！"

[第二章]

彼此关爱

我那手脚不空闲的老妈

希望每天为他们刷碗

满仔，你在车上吗

让深爱我的人慢慢变老

电话那边的沉默

不再让妈牵挂

给母亲做媒

妈妈，您累了

让默默地仰视捧着我的心

让我殷切的祈求解下您的围裙

歇下吧，妈妈

这是最好的时辰

您看，一弯新月升起来了

那是您给我的礼物

带着生日的祝福

把您的疲劳卸下

放到我的悠车里来吧

让晚霞温一杯香茶

我那手脚不空闲的老妈

早上六点半刚过，老妈一准会到我儿子天儿的卧房亲切地哄着喊他："姥的天儿，姥的宝儿，快点起床找姥姥！看姥姥今天给做啥好吃的了！"就这样，已经12岁的儿子，几乎每天都是在我老妈那带着喷香食欲的诱惑下懒洋洋地醒来的。

非常荣幸，我是家中的老小儿，而且是在老妈38时才得的"宝贝疙瘩"；又因为我大学刚毕业那年，年仅58岁的爸爸、我家的擎天柱因突发脑溢血过早辞世，那时唯有我尚未出嫁，妈就觉得我可怜，觉得有遗憾，需要弥补我，所以大多数的时间就是围着我转。

我们家兄妹一共四个，由于年龄上的较大差距，哥哥姐姐们早就先我成家立业，工作后我又在人力资源部门任职，并兼管一些公司的财务事宜，时间紧张、疲于奔命，幸好有老妈前后照看。说难听些，就像家里有个全职的管家和廉价的女佣，几乎为我料理着全部的家务事情。将近40岁的人了，我还享受着老妈近在咫尺的呵护、照顾。

每次下班，一进小区大门口时，我总会先习惯性地抬头望一眼家的阳台，因为就在那扇窗后时常会映着老妈期盼我回家的笑脸，久而久之，我对那扇窗户都感到格外亲切。

防盗门一定不用紧锁，根本不需要我拿出冰冷的钥匙左旋右转地费力开门，而且只要一坐下，热乎乎的可口饭菜就会及时上桌，吃完饭连碗筷都不用捡不用洗。这么优厚、奢侈的待遇，只要是出了这个家门，无论对邻居还是同事，我都不敢说，往好了说是怕人妒忌，其实是害羞，这"剥削"得也太残酷了吧？可实际上，妈就是不让我伸手，只要是她能干的活儿，她都不用我。

说实话，我这些年被惯得过于懒散，但闲着没事时，我也是挺爱收拾家的，可妈整天手脚不闲，早把活儿干在了我的前面。有时，我也跟妈开玩笑说："别把活儿都干完了，给我个施展身手的机会。"其实，我是真的心疼老妈，总是絮叨地怪她怎么就不会像别的老人一样享点清福。可妈说："天生命贱，只能手脚不事闲。没准儿，动弹动弹倒是好事，免得生病瘫痪。锻炼健康，这点家务累不死人。"

说的倒是挺在理的，可毕竟老妈已是七十五岁的老人，而且在年轻时因煤气中毒还留下了手颤的后遗症，并不适合多干活儿。可任我怎么说也阻拦不住，妈说这是她这辈子的"习惯性性格"，改不了了。

一个夏季的中午，天特别热，因为是公休，全家人都在放任地午睡，我就听见客厅里一阵窸窸窣窣的鼓捣，一会儿，就见老妈拿着托盘给我们送来切好的西瓜："快！把天儿也喊起来，凉快凉快！"

看着妈，我半天说不出话来，妈的脸上流着汗，我的眼泪也止不住地流下来："妈！我的亲妈！你这是干啥？整天的手脚不空闲，这腿脚也不值钱？大热的天，中暑咋办？"

对于老妈，我真是"爱恨交加"，无论我多么严厉地批评，还是耐心地教育，就是"顽固不化"。这不，夏天到了，我抽空把换季衣服收拾整理了一下，老妈摸着我在超市买的衣袋，问我："这是啥东西做的？怎么好像纸的，稀里哗啦响，又难看又不结实，估计也没法洗吧？"我说："嗨！管它干嘛？反正便宜，三五块钱的东西，不能用时扔了再换新的。"

没过几天，家里添了好多布头，我想老太太准又闲得难受了，买点布头做点小玩意解闷，也没多在意。后来，妈给我几个质地、花色都很好的衣袋，我问她："这是从哪儿买的？我咋就没看见这种质量好的？哦，对了，价格一定挺贵吧？"妈自豪地说："老妈我为你特制的，用的不就是那些布头吗？"

我当然觉得好，而且耐用。妈看我喜欢，就接着说："我还怕你嫌丑不稀罕，一块钱左右就能做一个，过几天妈再给你姐也做几个。闲着也是闲着。"

只有感动，只有无言，我的耳畔忽然就响起那首情深意切的老歌《奉献》：

"雨季奉献给大地，岁月奉献给季节，我拿什么奉献给你，我的爹娘？……我不停地问，不停地找，不停地想……"

相伴我的每一个日夜都那么独特珍贵

最艰难的日子也看不到你流泪

朝霞升起，你就一脸的笑意

喊我起床，为我梳洗

我是他的女王，也是他的公主

是他的贴心小棉袄，也是他的小忤逆

高兴、生气、发怒、耍脾气

所有的主动权归我

他是我的"老奴"，尽管呼来唤去

现在，女儿长大了

亲爱的爸爸

请放下你的操劳与担心

女儿愿意陪着您

一起迎接每一天的小惊喜

希望每天为他们刷碗

红尘俗世，我们总是在苦苦寻觅那个所谓最了解自己的人，不停悲叹：悠悠我心，谁人能懂？

今年的冬天格外寒冷，尽管有工作时刻提醒着我不要赖床，我还是厚着脸皮在被窝里赖到了快要迟到的时候。我皱着眉头打开窗户，呵，真冷啊。

我不情愿地洗漱完毕，随便穿了一件衣服就出门了。外面寒风刺骨，偶尔钻进我的脖子，我情不自禁地打了一个寒战。

每天，我都像普通人一样等候公交车到来，然后抱怨着交通拥堵赶去上班。但是，我与别人有所不同的是，我还盼望偶尔能见到自己的爸爸。我的爸爸便是我每天都要乘坐的公交车的司机，但我不是每天都能赶上他的车。

记得大学刚刚毕业的时候，我找到了一份合心意的工作，需要每天乘坐这班公交。于是，爸爸在出发前，总是问我几点从家里走，而我却总是不耐烦地说："你走你的呗，我坐谁的车不是坐？"

由于爸爸工作的特殊性，每天的出发时间都不一样，所以他总会询问我到底几点出发，以便能够赶上乘坐他的车。其实，我是不愿意的。因为我怕他分散注意力，毕竟一车人的安全都系在他身上。尽管他每天不厌其烦地询问，我却不耐烦回答。

有时候，我虽不刻意等待他的车，但也会偶尔碰上。这时候，我通常会直接不动声色地往后面走，可他每次都指着最前排的座位，示意我坐在离他最近的地方。刚开始，我还默默地接受，但是经常这样，我便感觉腻烦。于是，我不顾他的意思，执意向后，他也只好默认。

后来，我从家里搬了出来。为了上班方便，我仍然需要每天乘坐这趟公交车，但是现在爸爸不会再每天询问我几点出发了。他上他的班，我坐我的车，互不干扰。

可是，不知道为什么，我却开始在人群和车流中寻找他的身影和那辆公交车。我仔仔细细地看着每一辆从我身边经过的公交车辆，竟然期待和爸爸相逢。但事实上，偶遇的可能性并非很高。

有一次，我乘坐另外一辆公交车，正向窗外张望，他的车从后面赶上来，刚好和我乘坐的车并排行驶，我不顾阳光直射着眼睛，向他望了又望，希望他也注意到我。终于，在一个红绿灯的路口暂停时，他也看到我了，然后表情略显严肃，有些不自然。但我在这辆车里却是心意满足地笑了。总站下车之后，他等着我，与我寒暄了几句，嘱咐我注意保暖、多穿衣服别感冒。临走，他从兜里掏出了一把和田大枣，我茫然地接了过来，望着他驱车离去，心里有种说不出来的感动。

几天之后，爸爸给我打电话，说要带着妈妈过来看我。我应着，也把我刚刚获得的一个喜讯欢快地告诉他们：我要去参加一个重要的会，非常荣幸。

晚上，爸爸妈妈一起来到我家，妈妈刚一进门便着急地宣布："孩子，我把你这件羽绒服也带来了。"我接过羽绒服，感动不已。她又说，"我一想你最近这么忙，没空回家，天气这么冷，你那件外套不抗冻。明天去参加那个会，也正需要这件羽绒服，我就给你带来了。"

其实，我是在他们坐上车之后才想起要这件羽绒服的。如果我当时提，他们一定会重新返回家里去取，我不想麻烦他们。可是，妈妈却像我肚子里的蛔虫，居然替我想到了。我给了妈妈一个大大的拥抱。

记得小时候，我在学校里想吃什么，中午妈妈总会很神奇地就做什么。我当时天真地问过妈妈："为什么我想什么您都知道？"妈妈笑着说："因为我是妈妈啊。"

我想，除了她，谁也无法这样准确地清楚我的需求吧！

我们总说，在这世间找到一个懂自己的人太难了。可是，那个最懂我们的人，却最轻易地被我们忽略着。

我忽略了爸爸希望每天送我上班的愿望，忽略了他想让我坐在身边的心意，忽略了他看到我坐在其他车里的失落；我忽略了妈妈希望我每天往家里打电话报平安的期盼，忽略了她也想和我一起吃顿饭的想法，忽略了她在冬天不顾寒冷还给我送羽绒服的亲情。我想，也只有我，才敢如此肆意地去忽略这一切吧，因为我一直都拥有。

记得最近一次，我得空回了一趟家。寒冷的房间不及我的屋子一半暖和，因为家里没有集体供暖，只有自己烧的暖气。爸爸总说，家里暖和着呢！可是，我在屋子里穿着棉袄还打哆嗦。

　　我主动去做中午饭，才发现厨房水池子里的餐具已经很久没人刷了，里里外外也没有我在家里的时候那么干净了。我假装嫌弃地说："还说我脏，你瞧这一池子，都不知道刷。"

　　妈妈说："你不回来，我们吃饭都是凑合，都上班，来不及收拾。"我一边听着，一边打开冰箱，里面装满了像是批发来的咸菜，没有一种新鲜蔬菜。妈妈接着说："我和你爸每天就随便对付点，也不怎么饿。"

　　我忽然想起来，每次我在家的时候，爸爸妈妈总是给我做两三个新鲜的菜肴。有时候，偶尔催促我去刷碗，我还特别不乐意。现在，我刷着碗，庆幸不是他们，这寒冷的冬天里，水这么凉，我真想一直陪在他们身边，每天都给他们刷碗。

生命的旅程有多漫长

亲情的关爱一直相伴在路上

彼此挂念，彼此搀扶，彼此鼓舞

冷了，为你披件外套，送来人间暖意

累了，扶你坐下休息，身边的环绕是你随时的需要

依稀记得你们关注我的目光，记得你们怀抱我的体温

记得手牵手的紧密牵挂，反复叮嘱的担心

记得，还都记得

如今你们老了

我拍着良心，细数起多年累积的欠账，尽力清还

我儿时的摇篮童车，就是你们现在的手杖轮椅

感恩爸妈，尽心报答

满仔，你在车上吗

我一直记得那一天，他来学校看我，我躲在学校废弃的教室里，避而不见。

透过玻璃窗，我看到他堵住每个经过的同学和老师，手里提着满满一包吃的东西，脸上的神色谦恭而失望。

我侧过脸去。

13岁的少女是世上最敏感的生物，在这个时期，我最奇怪的想法，就是希望自己的父母是成功人士，不是成功人士也可以，至少不要那么老土。

偏偏他那么不识相，到学校来，穿的仍然是旧了的军绿色胶鞋，深蓝色的中山装，皱皱巴巴的裤子，头上的帽子是粗绒的，看起来极不协调。

粗绒帽子是姐姐送给他的，他视若珍宝，从去年入秋戴到今年盛夏，我心里想："哼，姐姐比我强，他爱的人永远是姐姐，而不是我。"

姐姐初中升学考试时是全县第一，作文是当年市里统考满分作文的范本，考进全市有名的师范学校，自小就是学校的小队长、大队长、团委书记，得到的奖状贴了满满一面墙。而我从来没有考过第一，最大的"官职"是班里的学习委员，小小的年级作文竞赛，我也只能勉强得个第三名。

自卑、嫉妒，加上青春期荷尔蒙发作，让我愈发顾影自怜。初三那年寒假，通知书下来，我只考了第三名，他们连问都没有问，我心里想："哼，他们已经放弃我了。"

晚上吃饭，姐姐照例不吃鸡皮，按以往的习惯把鸡皮夹到我的碗里，可我却"啪"地一下扔出碗去。

他第一个忍不住了："你这是干什么？"

当时桌上尚有客人，我站起身："你们已经有一个好女儿了，要我做什么？"我扔下饭碗跑出门去。

一出门我就后悔了，山里的冬夜黯黑阴沉，不像夏夜有星月相伴，这么黑，跑到哪里去？心里百回千转，终于跑到屋后自己栽的梧桐树下，蹲着哭泣。

良久，一束灯光照过来，然后传来的是他那讪讪的话语："原来在这里。"

我不肯抬头，更加委屈，抽抽咽咽地又哭起来。

他叹口气，"没见过你这么倔的孩子，明明是你嫌弃我们，好好的怎么又怪我们嫌弃你？你说我们偏心，倒是举出例子来，姐姐有的，你哪一样没有？"一面说，一面用手来拉我。

我顺手挡开，忽然觉得不对，他手上黏糊糊的，是什么？

我站起来，扯过他的手，昏暗的手电灯光下，他的手上满是血迹。

他迅速缩回手，嗫嚅地说："看你那么急，还以为你要离家出走，一着急，就……你怕血，甭看了！"

我看着他——皱皱的蓝布中山装满是泥，帽子歪了，手电筒前的玻璃片跌破了，那样子要多狼狈有多狼狈。看着他那个样子，我不再倔强，乖乖地随他回家。

回到家，看着妈妈给他上好药，我把自己关在自己的小屋里，哭着睡去。

有时候，人的长大，不过一夜间。

我的叛逆青春期就此过去，远没有同学们那般"辉煌"。有的同学谈恋爱、逃课，甚至和家里对抗，离家出走，闹得轰轰烈烈。而我，被他满手的血吓破了胆，连集体旷课都不愿参与，自此心无旁骛，和"狐朋狗友"划清界限，努力用功，无惊无险顺利地读到高考。

高考三天，舍友们客似云来，只有我无人探访。有时候考完一科下来，看见校门口围绕的家长，我会给自己出选择题："如果他在里面，我是更有压力，还是更有动力？"

没有答案，不让他们来是我坚持的，从山里过来路程有60公里，费时3个小时，何必呢？

最后一门考完出来，同学都被家长包围着，我照例落单。正失意间，他出现在眼前，天气很沉闷地阴着，似乎不热又似乎很热。而他仍穿着那件不合时宜的蓝布中山装，裤子仍然很皱，左手拿了一根雪糕，已经化了一半，小小的眼睛里盛满笑意正望着我。

我又惊又喜，娇嗔地跑了过去，正要责怪他，他已及时地递上了那根快化了的雪糕……

原来，他三天前就已下山，躲在姑姑家里，很小心地和我的时间表岔开。他在大门外的公示榜上读过我的名字，进学校看过我的考场，还和别的家长一起，在考场外等过我，我没有见到他，他却一直都在。

被细心关照的惊喜，在我有限的生命中，只在他的身上遇到。

工作后第一年放假，我想偷偷回家，突然出现在他们面前，免得他们一路担心。可是，姐姐的电话追到宿舍："速速告诉我到家时间，以免他天天去汽车站候驾"——家里下雪，他怕天寒地冻我没法回家，早已从山里下来了，在县城已结婚定居的姐姐家里等。我没办法，只得坦白，"明天下午六点到家"。

那趟大巴，除了抢劫，我遇到了所有可能遇到的事情——扣车、超载、罚款、塌方、故障，耽误了不知多少时间，当时手机还未普及，路上的电话又不好打，一路走走停停，无法及时地通知远在县城的他。

到县城已是深夜，我看了一下手表，凌晨三点半。

同行的人开始犹疑，不相信亲人还会等自己。我也犹疑，却更怕他还在坚持，但也心怀侥幸：也许他被姐姐叫回家了吧，山城的冬夜那么阴冷，他真要等，怕是要冻坏了。想到这里，我的心不由得急了起来。

大巴驶进车站时，四周非常安静，并没有像往常那样有许多接车的人涌来。很多人纷纷抱怨起来，不知随身带的东西怎么拿回去。

我见没有他，很高兴，又有些发愁，带的东西不少，在东莞找了个车才托运到车站。这么晚了，到哪里去叫人？

踌躇间，忽然，司机的声音自车外传来："天哪，这位老人家，您找谁？""接人？""你接谁？"

他的嗓门很大，大家都听到了，喧哗的车里一下子安静了下来，大家都很想知道，车外的是不是自己的亲人。

乡音自车门传来，"满仔，你在车上吗？"谦卑、礼貌、温柔，又有些焦急。

透过重重叠叠的障碍，我看到，车门口有一个人影，瘦瘦的、矮矮的，皱皱的蓝色中山装，头上戴着一顶粗绒帽子，正冲车里张望。

是他！真的是他！此时的我眼睛早已模糊了。

大家都给我让路，因为车外有人等我。由于他的到来，在喧闹拥挤的大巴里，我走得就像被地方官员前来迎接的王公贵族。

姐姐后来告诉我，他五点就到了车站，晚饭都没好好吃，知道车晚点，担心得不得了，姐姐让他先回家睡，他还发了脾气："你妹妹现在在哪儿都不知道，你怎么睡得着？"

差不多零度的山城之夜，没有暖气，他就在车站的值班室，和一个小小的火炉待了整整九个半小时，除了上卫生间，一步也没有离开车站，每来一辆车，他都跑到车门口，冲里问道："满仔，你在不在？"

就在那个夜晚，就在那个车站，那件深蓝色的不合时宜的中山装，以及那顶粗绒帽便构成了一道永不结冰的爱的流线……

如今，离家越来越远，经历的欺骗和伤害也有很多，但我却从未放弃对人性的信仰与乐观，因为我的心异常丰实，仿佛我生命里的每一个角落都盛满了他对我的爱，就像大海，大雨不溢，大旱不涸。

四季更迭，生命往复

是岁月遗弃了生命，还是生命辜负了季节

人类历史已历经沧桑厚重漫长

而生命个体的繁衍更新却依旧生动鲜活

不失最初的原始模样

伟大、神奇，充满神秘

我是收到你殷切的呼唤如约赶来的吗

你说，来吧，做我今世的儿女，许你万千情义

一切缘分，世代相传，生生不息

都源于爱，是爱的创造和奇迹

让深爱我的人慢慢变老

父亲18岁那年参军，而且还超期服役了两年。从部队回来，他的身体棒极了，一个人扛200多斤的麻袋可以健步如飞。母亲从小长在田里，体质也不弱。

就是这样体质好的人，也还是老了。

父亲今年58岁，母亲57岁。前些日子回家，看到父母在田里干活的瞬间，我发现他们真的有些老了，体力已大不如从前。也许有人认为50岁不算老，可是一辈子生活在田里的父母看上去就像是七八十岁的老头老太太。

我想趁父母年轻，接他们到北京来转转，唯恐有一天他们真老到走不动了，用我一辈子的遗憾都无法弥补。于是，我便邀请他们过来小住。以前他们不适应城市的楼房，从不接受我的邀请。但这一次例外，似乎他们自己也感觉正在变老，再不出来走走就真没机会了，所以，他们破天荒地来了。父母在二弟的一路护送下，来到了北京。

父母来了，我满心欢喜。安排好他们之后，我马上制订了一个旅游计划，第一站就是天安门。父母活这么大年纪，只是在电视上看过，这回让他们亲眼见识下真正的实物。

那天，当真来到了天安门城楼下，父亲望着这既熟悉又从没如此贴近过的天安门，竟然激动得热泪盈眶！母亲更是高兴得不知道说什么才好。父亲想登城楼，我上前扶他，他推开我的手，不让我去扶他，他说自己还没老到需要人扶的地步呢，可是他刚刚登到一半就已经不行了。他扶着楼梯大口大口地喘气，我急忙上前，母亲在下面嘲弄地笑着，招来父亲狠心的一瞪。到底，光凭着心情毕竟是有几分吃力了。

在我的记忆里，父亲始终不承认自己老了。五年前，他骑车载我，上坡都不准我下来。有一次在一个大坡前我偷偷下车了，他没有发现，上坡后又是个大下坡，他就直冲下去了。我赶忙喊，可急性子的父亲眨眼间就消失在我的视线之外，我就一个人慢慢地走。父亲到了车站，才发现把我弄丢了，急忙顺原路回来找，责怪我不该偷偷下车。

可仅仅五年的光阴，父亲就成老头了，手脚已有些轻微的抖动。我还想上前扶他，可父亲还是不让，我刚到跟前他就跟我急。我只好扶着母亲跟在他后面，同时瞪大双眼看着前面。

好不容易登上了城楼，可是父亲早已没有心情再看什么景致，母亲也只是默默地守在父亲的身边。从他们的眼神中我分明感到了他们对生命的无奈与无助。那一刻，我的心隐隐作痛：为什么，为什么深爱我的人也要变老？

回到家后，我取消了后面繁忙的旅游计划，我就陪他们在家说话，从东扯到西，再从西扯到东，就这样天南海北地说个不停。我怕时间的车轮会因为我的疏忽而将他们带离我很远，我要让它慢一点，再慢一点，在努力的拖延中拼命争夺与父母相处团聚的宝贵时间。

一星期以后，父母还是不习惯这里的生活，向我辞行。没办法，我只好送他们回家。

回来的时候，父母送我到村口，可是我们来得太早，公交车还没来。于是他们和我一起等公交车，看到他们消瘦的身影，我不忍再让他们陪我，我便告诉他们，你们回吧。我先往前走着，公交车来了，我就上车。

走了老远，回头看，看见父亲还在后面跟着，我挥手示意他回去。再走，听见父亲在喊我的名字。我回头，发现父亲已站在一个土堆上，嘴里喊着：公交车来了！

望着父母渐远的身影，我的眼泪悄然落下：时间，请让深爱我的人慢一些变老吧！

我牵着你的衣角跟踉地跟随

纵使这样我依旧掉队

你把我举到脖子上

我两条腿绕过你的肩膀

骑着你的脖颈

就这样被你驮着，轻松惬意

而且，我的眼界更宽

敢于向着天边直视

但是，你的脚步拖沓了

身体也在摇摇欲坠

我知道，是时候回来了

我要在晚霞淹没之前

赶来扶你

电话那边的沉默

转眼间，我在部队已度过了三年的时光。这期间为了立功，为了报考军校，我放弃了所有的探亲假。

也许是在部队锻炼得心肠硬了，每次老父亲打来电话时——说是每次，其实一年到头家里也就来两次电话。尤其那时家里根本就没有电话，想打电话需要走好远的路，才能找到公用电话亭。这样的通话成本当然极其昂贵，而父亲打来电话也绝不是由于家里发生了什么必须告诉我的事情，也就是几句简单的嘘寒问暖，之后就是无尽的沉默，不说话，也不挂断，好像是等待和静听。而我却实在没有什么话要说，便毅然地挂断。身边的战友有时会奇怪地发问："你怎么那么冰冷？难道你不想家吗？"

也许由于性情，也许由于环境，也许是我被世俗麻痹了亲情，直到有一天，我的班长为我讲了一个故事，我的心灵才被震撼着觉醒。

班长伸手点起一支烟，不知是为了平复心情，还是要突出强调这是一个有些沉重的故事：

　　我和他从小是一起长大的。他比我年长一岁，人长得黑，人们都管他叫黑子。那时候，我们在邻市的一所中学读书，学校离家40余里地，当时我们那里公交汽车的票价是两角钱，每到周末，我们都要从学校乘车回家。

　　我家离黑子家不远，因此每到那一天，总是会看到黑子的妹妹早早地站在家门口，等着黑子回来，其重要的目的，更是由于在那一天他们家能热热闹闹地吃一顿比平常略微丰富一点的饭菜。他们家里的境况我十分清楚，说一年到头见不到油星儿也绝不是夸张。

　　有一天，黑子在学校跟我说，他周末不想回去了，让我自己回家！我问他为什么，他说不为什么，他父亲让他以后过节、放长假时才回去，平常就不要回去了……

　　我看着黑子脚上的旧布鞋，心里有了几分猜测。我知道，黑子的父亲每月工资40多元，他还有一个哥哥，在外地上大学，他的母亲又没有工作。黑子每个星期的来回路费就要花费掉4角，对于这个家庭着实有些浪费。

　　就这样，我每周照例回家，而黑子就留在了学校。

　　又是一个星期六，天已经很晚了，风也刮得很大。我早已从学校返回家中，正在黑子家门口和他的父母说着黑子的近况。忽然感觉黑子的父母表情有些异样，直愣地望着我背后，我回头，是黑子。

　　黑子气喘吁吁地先对我不好意思地笑笑，又对他的父母说："爸妈，你们别生气，我没坐汽车，我是跑着回来的。"黑子的父母只是无语。

　　就这样，黑子开始风雨不误照例一到周末就往家跑。

又有一天，黑子对我说，他又不能回家了。因为母亲说鞋子总是很快被穿破，而买一双鞋子需要好多钱。

于是黑子又继续留校。我依旧每周回家，并照例到黑子家去告诉他父母有关黑子的近况。

终于有一天，我又意外地在家见到了黑子。那时的天气已经非常冷了，当我见到他时，他却赤着双脚，把鞋套在手上，向家跑去。而他的父母正站在自家的门口，早已是泪流满面。我也是呆呆地站在那里，心里不是滋味。

高中毕业后，我没有考上大学，就选择了参军入伍。而黑子则考上了一所大学，只是由于家中没钱再供他继续读下去，他也和我一起来到了部队的军营。三年后我们又一同转了士官，黑子比我先结了婚。

结了婚的黑子却极少回家，因为那时他是代理排长，根本抽不出时间。倒是黑子的媳妇曾经领着女儿，长途跋涉地去看望公婆。

有一次，我回家探亲，黑子的母亲问我："原先天再冷，光着脚走那么远的路，黑子也要回家。可如今黑子怎么不回来呢？"

这时，黑子的父亲就会得意地对老伴说："你又不是不晓得，黑子是军官，是当兵的领导，工作忙呗。"

后来，部队里的一次意外事故，军需库失火，黑子在抢救物资时受了重伤，伤势严重，可能快不行了。

在送往医院的路上，黑子拉着我的手说："我想回家，看望父母……我都一年多没回了……"断续地说完这些，他就真的不行了。

当黑子的父亲和母亲赶到部队时，黑子已经走了。我含着泪对他们说："黑子没有给二老丢脸，黑子是烈士，是我们学习的榜样……"

黑子的父亲呜咽道："我们知道黑子是好样的，可是，黑子再也回不成家了啊……"

黑子的母亲却接过话说："不，黑子这是永远回家了，他再也不会走了！"

黑子的母亲紧紧地抱着黑子的遗像，冰凉的眼泪源源不断地跌落在黑子的脸上。

我们全体官兵以及所有在场的人全体脱帽，向黑子及其父母致以光荣而崇高的军礼！

故事讲完，老班长已是满脸泪花，我也抑制不住地起伏哽咽着。是啊，"我想回家，看望父母"，这句简单而深厚的话语深刻地触动着我，我要请假回家，不仅是因为这个故事，还有老父亲电话那头深深的沉默……

你是谁？你在寻找什么呢

一只小鸟友好地问道

我只是一个一知半解的小姑娘，我在寻找母爱

那，我站得高，我也帮你找吧

也许帮你找到母爱，对我也很有必要

母爱里都包含了什么

会是这条小溪吗

你看啊，它多么清澈

它这么浅薄，怎能跟母爱比呢

那，会是这棵粗大的柳树吗

你看它身体沧桑

它的枝条轻曼招摇，怎能跟母爱比呢

那么，忽略它们的不足之处

汇聚它们优良美好的全部

像蓝天，像大地，丰满辽阔

嗯！是这样吧

因为我觉得它具有一切的美好

不再让妈牵挂

20多年前的一个小城,他出生了,非常可爱。所有熟识的人都前来祝贺。

第三天,母亲抱着他,心中泛起无限的疼爱,反复端详、仔细欣赏,从头看到脚,从脚看到头。忽然,她的眼睛在孩子的右脚上停了下来,她的额头开始冒出冷汗,她惊异地发现:孩子的脚掌居然完全向上弯曲着。

母亲又急又痛,怎么办?急急找来医生,医生摇头、叹气,束手无策。

她一个念头冒出来,坚定地,再也无法更改:刚出世的婴儿骨头还没有完全定型,一定可以扶正,恢复正常。

产妇需要卧床休养。但是,目前有一项更加艰巨的任务需要她尽心地劳动,她开始顺着孩子的脚背,一次又一次地细致耐心地抚摩,每天不断。手劲要适中,不能太轻,太轻起不到作用,又不能太重,太重会弄疼孩子,甚至严重挫伤孩子。母亲就这样小心拿捏着,坚持不懈。

他出生的时间是盛夏,中部地区的温度始终在38℃以上,人不动就那么坐着都要大汗淋漓。闷热难忍，她忍耐着烦躁不安，劝慰自己不能着急上火，因为这样很容易造成产妇回奶断源，严重影响母乳喂养，影响婴儿健康。

她的确很少消停，连睡眠都很少能放松进入深度状态，多半是迷迷瞪瞪，近乎半睡半醒。而产后的母亲是那样的虚弱，丈夫又远在外地工作，虽然临产时请假赶了回来，但匆匆几日就要回岗复职。

就这样，母亲每天独自面对一切煎熬，面对冷酷的时间与无情的现实，面对责任，更要面对未来，面对孩子的憧憬。真是皇天不负有心人，一个多月以后，奇迹悄然发生了：孩子原本贴着小腿的脚背逐渐在脱离。看到这些，她欣喜若狂，感动得喜极而泣。感谢苍天，感谢大地！让一位母亲的烦忧焦虑得以放下。既然看到希望，既然有希望的指引，只是需要消耗一些母亲的体力又有何不惜？为了孩子，天下的母亲原本就是最辛勤的一族！她们几乎不假思索的习惯性认为：这就是我们的天职！

她耐心地坚持着，她认真地继续着，没人数得清她究竟熬过了多少艰难的岁月，没人算得出他到底历经了多少爱心的抚摩，最终，孩子由最初的天生畸形，可能的跛脚，最终迎来这健康的、蹒跚学步后的强劲落地，安如磐石。

上面的故事，是忠厚憨实的父亲讲给我听的，而此时，我已16岁，已成长为一名优秀的学生。父亲的讲述客观精准，因为对于妻子，他怀着同样的感激与歉疚。

仔细地听完故事，原本不在意的平凡经历，忽然间就活动起来，仿佛自己重新换成了另外一个人，故事的结构也进行了重组，使那些普通也生发了新意，变得更厚重。我尝试着学起回馈报答。我的尝试，蹩脚而幼稚。

那时我念大学，某个冬天，我拿到了一笔稿费。于是在寒假回家前，我给母亲买了一件白毛衣，通过邮局寄了回去。等到我回家，母亲就穿着我送的那件毛衣迎接我，并且努力地展示，似乎非常温暖而美丽。结果，母亲着了凉，当晚发烧咳嗽不止。我想埋怨母亲，这么大人，怎么就……忽然清晰地记起，邮寄包裹时我的简短留言：妈妈，希望我回去时您穿着这件毛衣，一定非常美丽。现在看看，那件毛衣瘦小单薄，根本就无法全面包裹母亲已略显微胖的身体，又怎能保暖呢？我觉得自己表面孝心的行为，就像假冒伪劣的工业糖精，感觉很甜，只要稍微地深入，就会体会到后面的苦涩或者贻害无穷。但是，母亲深信不疑，母亲还会以此炫耀，以此骄傲。

后来我毕业了，被分配到外地的城市工作，我自觉已经长大成人，自觉已经独立，有了属于自己的世界。我便时常和朋友出去玩，喝酒、K歌，各种放荡不羁、没日没夜地活动，然后，也许就地倒下，也许深更半夜摇晃着回到住处……

一次，我又是很晚回来，才靠近门口，就听到屋里的电话激烈地响着，而我已是醉眼迷离，加上困倦疲乏，拿起听筒："谁？哦，妈，啥事？"电话的那端是急促的呼吸和惊慌的语气："杰子！干啥去了？怎么才接电话？……家没事，就是惦记你。""妈，我没事，放心吧。"难支的手臂瘫软地挂了电话。恍惚中母亲惦念的叮嘱依旧远隔千里执拗地继续……

第二天一早，还没等我起床，房东婆婆就来问："昨晚你这儿怎么了？电话自打10点多就开始响，哎哟那个吵哦！就是没人接。后来就一直响，一直响，一直到后半夜了才消停。"

婆婆的问话我无法回答，更难以回答的是母亲时刻的惦念，虽远犹在，放心不下。

"孝心，我连起码的担心都没能避免，谈什么回报？！"

从此，我下定决心，认真做事，规矩做人。改掉不良习惯，到点休息，到点起床，下班后及时回家，外出办事，给妈妈事先留话。总之，就算还不能做到别的什么，先让妈省心，让她不再焦急牵挂，这才是起码的报答。

听，是谁在喊我啊？声音那么悠扬

如同美丽的歌声

傍晚，稀疏的星空，伴着一弯月牙

我和伙伴捉迷藏呢

专注了游戏，耽误了回家

听，听清了吗？是妈妈

妈妈的呼唤终比伙伴的挽留重要

纵是依依不舍，还是一蹦三跳地扑向妈妈

妈说不知道饿啊，饭都快凉了

村头、路口、窗后，总能看到妈妈的目光

妈妈的等候

妈妈一愣神，我问，妈，想啥哪

妈说，我想你呀

我踮起脚跟，从妈妈的眼睛里继续追寻

您的头脑里不能有别的吗

妈说我是她的心头肉

唯独我，谁都可以放下

我凑近妈妈怀里，侧耳聆听她的心跳

嗯！我相信妈说的全是真话

给母亲做媒

我刚刚出生，父亲就在一次意外的车祸中丧生了。那时我的母亲才三十几岁。

我还有两个姐姐，为了让自己的儿女上大学，我的母亲曾想过改嫁，但是由于双方家族的阻挠，再考虑到社会舆论，尤其想到可能给孩子带来一些不好的影响，最终母亲还是放弃了。

在那个缺衣少食的年代里，我家的日子过得自然十分紧巴。母亲也曾试着向父亲原来的家族请求援助，可换来的照顾却并不让人满意。这样反倒激起了母亲的坚强，把功夫都花在对自己子女的教育培养上。她时常在外揽些手工针线活来补贴家用，每到要交学费的时候，她都会在外拼命地赚钱。母亲为了我们能顺利读完书，义无反顾地支撑着。

邻居有个张叔叔是鳏夫，一直以来都在默默地帮助我母亲。我当时小，总认为那个张叔叔对母亲不怀好意。张叔叔每次来我家，我都会毫不留情地把他赶出去。母亲每次都气得直哭，对我说张叔叔是个好人，可那时我就是听不进去。

后来，我和两个姐姐都有了出息，并且先后成家立业，而我的母亲也已是50开外的人了。有一年，我回家看母亲，村里的一位大妈悄悄告诉我，我的母亲准备改嫁了。

我当时正值血气方刚，考虑到自己和两个姐姐长大成人了，怎能让母亲去"丢人"呢？我和两个姐姐通完电话后，两个姐姐也气冲冲地赶来了。在我们的"兴师问罪"下，我的母亲还没来得及说出口的想法便永远地打消了。

后来，我仔细调查了母亲的那个"相好"，原来就是那个张叔叔。张叔叔一直以来都在帮助我的母亲，尽管当时我经常赶走他，可是他一直在暗中帮忙。

事情就这样在悄无声息中过去了，可是我的母亲却越来越不爱说话，经常一个人痴痴地坐在那里发呆。

直到我们先后有了自己的小孩，这一阶段是我母亲最劳累，也最快乐的时候，我和姐姐都争着把母亲接到城里来带孩子。当我和姐姐的小孩都上幼儿园以后，我的母亲说什么也要回老家居住，说在这儿白天一个人闷得慌，回老家可以和老邻居们一起打打麻将，时间好打发，想吃什么自己也可以随意地做来吃，在儿女家始终不自在。

那年，我的母亲已经55岁了，身体也还硬朗，生活自理完全没有问题，任我怎样挽留，我的母亲终究还是一个人回去了。

时间就这样一年又一年地过去了，母亲依然一个人住着，我和姐姐们只是周末带着儿女去探望母亲。

一次，我和妻子回家乡看望母亲，事先并没有告诉她，只是想给她一个惊喜。当我和妻子走到院子里，院子里很静，屋内也没开灯。我轻轻地推开门：母亲一个人坐在土炕上，头微微抬起，呆呆地对着窗外渐渐变黑的夜空，像一尊凝固的雕像。

我和妻子站在门外，注视着母亲这不知保持了多久的一动也不动的剪影。过了好久，我实在无法再忍受这黑暗中的寂静了，打开电灯，母亲才注意到我和妻子的到来，这时我才发现母亲呆滞的目光中刚刚有了一丝生气。

我一阵心酸，默默地打开电视。那一刹那，我感觉到了母亲的孤独。现在，我心里越来越感到愧疚，随着年龄的增长，社会的开放，我为当年阻止母亲的再嫁而后悔。母亲是应该找个老伴了，我这样想着。

"你们吃过饭了吗？怎么不提前告诉我一声。"母亲欣喜地拉过儿媳，妻子点点头，温柔地说："我们在路上吃过了，妈，你的身体好吗？"

"好着呢，甭管我，你们忙好自己那一摊就行了。"我看出了母亲眼里的落寞。

"妈，找个老伴吧。"我尽量让自己平静些。

"都成老太婆了，还找什么老伴，谁要？"母亲淡淡地说。

"妈，你找个老伴可以照顾你，自己也不寂寞啊！"妻子也劝着。我知道，邻居张叔叔一直未找老伴，张叔叔可能还在等着母亲吧。

"我自己可以照顾自己，用不着。"母亲一口拒绝了。我想母亲可能一直不能原谅我当初的鲁莽。

几天过后，我接到了家里的电话，说我的母亲不小心摔倒了。现在已被送入了医院。当我赶到医院时，母亲处在深度昏迷中。医生说，她摔得很重，要是三天醒不来，那就真的不行了。

幸好，我的母亲在第二天就醒过来了。我想母亲不会轻易倒下的，她是个坚强的女人。母亲在床上躺了一个月以后，就挣扎着起来了。

我想，不能再让母亲这样过下去了，我要为母亲当回媒，把她和张叔叔介绍在一起。

最后，我经过多方的撮合，使这两位老人终成眷属。婚礼那天，我看到母亲和张叔叔站在一起腼腆而又深情地互望着，我心里也是暖暖的。

自此，我由衷地希望并祝福母亲，但愿母亲今生无憾。

[第三章]

共同成长

来吧，我日夜思念的爱子

为了迎接你，我早已准备了最好的自己

用我健康的身体

用我美丽多情的心思

给你最精密温暖的守护

来吧，我怜惜有加的爱女

从你到来起

我就开始为你用心打扮

审视琢磨，精雕细刻

你的生命成长与辉煌

将是我所得成就的延伸、继续和发扬

这样，我怎能不倾其所有？怎能不用尽全力

被捡起的拥抱

由于一些家庭因素，从小我就没有在母亲身边长大，只是在寒暑假的时候回到母亲家过一段日子。可以说，在我的记忆里，从没有和母亲有过亲密接触。什么是和母亲撒娇，什么是和母亲拥抱，什么是母亲的亲吻，在我的印象里一概没有。

冬去春来，爸爸妈妈把我留在奶奶家已经12个春秋了。每当看见身边的小女孩牵着妈妈的手任性地撒娇，我都会羡慕不已；每当看见她们和父母嬉戏，脸上洋溢着幸福的微笑，我都会唏嘘落泪；每当看见她们在父母中间蹦蹦跳跳，那银铃般的笑声都会刺痛我的心扉。这是一个远离父母的孩子内心深处的伤心和落寞。

为什么我就不能像妹妹那样生活在爸爸妈妈身边？为什么我就不能和父母一起享受天伦之乐？随着年龄的增长，我一次又一次地问自己。他们是不是只喜欢妹妹？我是他们亲生的吗？当我对自己问了这个问题后，我把自己都吓了一跳。不，不会的，我当即否定！

放暑假了，我又要到妈妈家住上一段时间。平时虽然非常想到爸爸妈妈身边生活，可是真到了可以和他们待在一起的时候，我竟然莫名地退缩了。面对母亲投来的关切，我总是逃避，逃避她的目光，逃避她的嘘寒问暖。而每当到了我要回奶奶家上学的时候，我就显得特别轻松兴奋，就好像这里是地狱，恨不得马上逃离。

是陌生，是不习惯，是长久以来的积怨，还是有意地报复？我分辨不清。以至于有一次，母亲说了我两句，我就觉得她的确不喜欢我，我肯定不是她的亲生女儿，于是干脆不管不顾地大声嚷起来："我到底是不是你亲生的啊，知道你不喜欢我，我还是早点回奶奶家……"没等自己说完，眼泪已经不知不觉地爬满整个脸庞。她也被气得直流眼泪，却没辩解什么。

大学毕业后，我选择马上结婚。在我的内心里，我急需有人关爱，那里不能出现空当，不能留白。结婚后，我更是很少回家。虽然母亲还是一如既往地打电话过来，关心我的饮食起居，要我多回家看看。我只是礼节性地应付着，内心却始终排斥，无法让我的心态正常起来。

我怀孕了。从我知道怀孕的第一天起，我就时刻感受到一个小生命在我的身体里，一天天地长大。但并不是难受的妊娠反应让我明白她的存在，她的乖巧让我几乎和正常人一样。我的脸色比怀孕前还要红润，我的身体一天天地胖起来。

我时常会在心里感谢她，好像是她能使我有机会深刻体会和感受另一个弱小的自己。

看，她的小拳头在我的肚子里划过，我的肚皮上有个小小的突起。瞧，她的小腿在我的肚子里练习跑步，那些节律变得激烈。她也会惹得我没来由的一通傻笑，我试着跟她共同游戏，打招呼似的去拍拍她，她会调皮地藏起来，过会儿又会在另一面出现……

我开始体会到一个母亲的情怀，欣喜而满怀着希望。不知道我的母亲在孕育我的时候，我是否也曾给她带来这般美好的心情。

女儿出生竟充满不顺。病危通知单下来，让我觉得灾难的降临，我对她充满愧疚。看着她小小的身躯被放在保温箱里，那么无助，那么孤单，我多么想抱她入怀，像所有初为人母的妈妈们一样，让她吃到我积蓄多时的乳汁。我多么想摸着她的小手，拍她入睡，让她知道妈妈的陪伴……

这时我真正明白了，当一个母亲面对孩子的灾难时，那种绝望无助，甚至要彻底崩溃，但又必须顽强地坚持。

她不愧是我的女儿，终于坚强地挺过来了。我拥抱她，亲吻她，无数次对她说："妈妈爱你！"我不厌其烦地给她喂奶、换尿布、洗澡……情愿晚上自己不睡，也一定要看着她熟睡才肯放心。我耐心地陪着她玩耍，引导她学坐、学爬……她蹒跚学步，咿呀学语，我欣喜而激动地听着她叫出第一声"妈妈"。

直到这时，我才忽然觉得自己已是真正的母亲了。我体会到一份责任，一份快乐，一份满足，更多了一份为她而奋不顾身的愿望。同时，也使我不由得联想起自己的母亲，她又何尝不是怀着同样的心情等待着我的成长呢？

转眼间女儿大了，两岁、三岁、四岁……她会说很多关心我的话。一天，我要出门上班了，她在房里，听见我在门口开门的声音，赶紧跑出来，手里拿着玩具，一脸灿烂地对我说："妈妈，再见，路上小心，要保重啊！"听着她幼稚而又故作成熟的话语，我想笑，可还是忍住了，对她说："宝贝，再见，我会保重的！"

晚上，我拖着疲倦的身体回到家，在楼下就听见女儿在大声叫唤："妈妈，妈妈，您回来啦……"我答应着，一路小跑上楼去，门是开的，宝贝女儿就站在门口，没等我回过神来，她已经跳起来，紧紧抱着我，在我的脸上亲了一口，对着我的耳朵说："妈妈，我好想您，我爱您！"我也紧紧搂住她，此时我无论如何也笑不起来了，一股暖流遍布我的全身，我用心来爱护的女儿知道回报我的爱了。

虽然是一句简单的话，却让我感动得热泪盈眶。我的心也猛地一震，我的母亲呢？她在哪儿？她还好吧？母亲和女儿，女儿和母亲，难道不是一样的吗？她难道不是一样需要女儿真挚的回报，哪怕只是一句简单的话，一个平常的拥抱？现在，我也成了母亲，就不能体会当年母亲的心情吗？幼小的女儿用她最直接的爱的表达给我内心最深的触动，让我反思自己的行为，真正地去体会做母亲的感受。

是的，我要回家，回去看我的母亲，也要在家门口拥抱她，对她说，我很想她，从小时候起，我就一直在想念她，想和她生活在一起。

当我再次站在母亲面前时，已经不再显得那么不自然了，我伸出双手，抱住她，什么也没说，可是母亲似乎明白了，也同样有力地抱住我，拍拍我的肩，说："多回来看看……"一切的陌生隔阂竟都在拥抱中释然了。

每个人都有过美丽的童年，当我们躺在母亲的怀抱中渐渐长大时，母亲却在一年又一年中渐渐衰老，我们离母亲的怀抱也越来越远，也越来越陌生了。

现在，让我们再次捡拾起很久没有被亲情感动的情怀，敞开心扉、张开双臂，去拥抱母亲！让她在我们的怀抱中轻松地小憩，让她在我们的怀抱中甜蜜地微笑！

别就知道玩，要好好学习，父亲的训斥简短严厉

别饿着，要注意身体，母亲的嘱咐柔情细密

当心点，不学好，别怪我揍你

父亲的警告就像巴掌当空举起

待人礼貌相处友好，不能使性子耍脾气

母亲的话如冷风中披上的外衣

要节俭，不能随便胡乱花钱

按时吃饭，早睡早起，养成好习惯

不能吊儿郎当的，要有个样子，别给我丢人现眼

……父母的叮咛，两种不同的语气

一样使我用心牢记

好想看见真相

我总是很难过。因为一回家，因为我的自由散漫，常常把家里弄得乱七八糟，母亲总是不断地批评。我的成绩总是阴晴不定，有的时候非常好，有的时候又非常差，最要命的是，不管是好还是坏，我都没表现出积极的样子，总是无所谓，这样，也总是被母亲批评。好的时候，母亲就要求我再接再厉，别那么容易满足，不要做一只井底之蛙；差的时候就不多说了，自然是更加严厉的批评和要求。

从小学到初中，母亲也就一直在我身边啰唆了这么多年。后来我上了高中，开始了寄宿岁月才有了短暂的清静，但周末回家的训话又成为不可避免的必修课，而此时的我早已有了足够的内练神功，再也不像小时候的满心委屈，只是变得默然了。你说吧，随便你！

直到一个星期天我回家，听到母亲和一个朋友在聊天，谈到了我。我路过客厅的时候悄悄躲起来，我想知道她们在说什么。这一听使我大吃一惊，那整整一个小时的聊天，说的都是表扬我的话。母亲从没对我说过的赞美，在一个小时内却重复了十几遍："我的小孩从小纯良温和，大人无心放在桌子上的钱，一般的小孩早拿去买零食了，他呢，是看也不看；小小年纪就特别懂事，六岁那年，我不开心时，他居然会安慰我；每次考试成绩不好我们骂他之后，他毫无怨言地回到房间认真学习……"

我的眼泪就那么掉下来了。那些话，母亲从来没有当着我的面讲过。那一刹那我仿佛真正长大了。第一次听见母亲由衷地表扬，我的心里升腾起无上的喜悦和由衷的自豪。

只是我的心里始终有小小的遗憾。如果我早一点明白，不是更好吗？为什么母亲如此地爱我，却不让我知道呢？当她用各种伪装遮掩着对我的爱时，她是否知道，我可能会误解？孩子也许会心生疑虑，会伤心抵触，甚至会怨恨满怀。

所以，请一定要让孩子明白父母的爱，不管这爱披着什么样的外衣，戴着什么样的面具。

一提起母亲，我的脑海中就立刻涌现这样的语句

温柔、善良、和气、慈祥，还有……还有雍容美丽

而父亲的形象嘛

正直、诚实、果敢、严厉，还有强壮有力

母亲的柔声细语，从最初的催眠曲

到儿歌，到悄声耳语，到再三的叮嘱，最后是不厌其烦地唠叨

父亲的教导，从简单扼要逐渐成了沉默威严、不搭不理

母亲的仁慈仿佛毫无原则

不管我闯了多大的祸，依旧能在母亲温暖的怀抱得到庇护

父亲的严格好像不念亲情

芝麻大的小事也冲天怒火

也许，正是这般复杂的培养教育

才使我远离溺爱，没有偏颇，公正全面

我兼具并发扬着父母身上最优良的品德

今天我乖吗

小的时候，父母抚养我们。长大了，我们赡养父母。这样的一"抚"一"赡"，恐怕都不仅仅是指供给衣食的意思。然而，每当我想表达一下对父母的情感时，却常常只会想道："这次该买什么东西呢？"这几乎成为我的思维定式。到底是我拙于表达感情，还是我过于僵硬，已经把"孝顺"两个字简单化了？

这个问题，一到节日和父母生日的时候，便会跳出来不停地"骚扰"我，让我即便买了礼物，仍旧觉得不安和愧疚。就在我思考何为孝顺而迟迟得不到答案，感到无比烦恼时，一件极小的事情将我点醒，为我指点了迷津。

大学毕业后，我又回到了和父母一起住的状态。当然，我不可能再像小时候一样那么衣来伸手、饭来张口了。除了打理自己的个人卫生外，双休日也会帮忙打扫公共空间，顺便做饭给爸妈吃。这也成为我周一到周五在家蹭吃蹭喝的正当工作，一度以为这就是自己尽到的家庭责任。

然而，妈妈的唠叨却从未间断过。做饭时，我常常丢掉放陈了的食物，她会嫌我大手大脚；拖地时，她又会嫌我涮拖把时浪费的水太多；清理衣柜，她责怪我买了超量的衣服，有的根本就很少穿；又强调说我做事情慢吞吞的，工作上一定难有长进。我觉得妈说的多少有些在理，但可惜的是，我更有我的道理。

为什么有新鲜的食物不吃，非要吃陈的？拖把不完全涮干净怎么可以把地拖干净？衣服要配合时间与场合，有些当然不能是日常穿着。况且我在公司工作十分出色，同事领导有目共睹，妈妈凭什么说我不长进？就这样，妈妈的责怪，和我内心的不服以及公开的顶嘴，就成了我家庭生活里的极度不和谐音。

一次，我在家洗完了衣服，仍旧按照习惯晾在卧室的小阳台上。以往，我担心晾在外面会被风吹掉或下雨时被雨淋着，总会这么做的。过了一会儿，没拧干的水开始滴在阳台的木质地板上。因为之前已经无数次地和妈妈就这个问题起过争执，所以我自觉地在衣服下面摆了几个盆子用来接滴落下来的水。尽管我也担心那些没被接住的水滴最终会毁了我家脆弱的木地板，可还是不改前非一意孤行。

当老妈发现我那些沥沥落落的湿衣服又出现在阳台上时，立刻就提出了抗议。要是平常，我当然会搬出一大堆理由来反击老妈的指责。但那天，我不知道是因为晴朗的天气削弱了我惯常辩驳的思维，还是周末的好时光让我忍住了，随口答道："好好，对对，您说得对，我马上改正！"

老妈立刻不说话了，突然带着笑说："你今天怎么了？怎么这么乖？"老妈这么说着，让我也觉得好笑起来。

乖？真的，如果这么说，一直以来我真的非常不乖。常常坚持自己的主见，为了鸡毛蒜皮的小事情也和爸妈争论个不停，非要让他们觉得我也是有道理的，我的观点才是最正确的，简直就和我在公司里的样子一模一样。可是，这里是家，不是公司，不是非得严肃冷酷地说理的地方。

不能完全按照父母的意愿生活，这在时下的年轻人中间恐怕早已经成了共识。而且，我们急于证明，我们不安定的工作、不稳定的感情，自己完全可以搞定。我都当了经理，你们怎么还能说我做事不细心、慌里慌张？我可以把男朋友照顾得无微不至，你们怎么还说我任性、自私？可是，只要我偶尔不顶嘴，妈妈便会开心地笑起来。那要讨好他们，岂不是变得非常容易？就在妈妈和我同时笑起来的那一刻，我发觉其实我应该为父母做得更多。那就是理解他们，宽容他们，甚至是放任着他们，让他们任性而为，又有什么关系？

小时候，我很讨厌妈妈唠叨的性格，曾经发誓坚决不要长成像她那样的人。长大了，发觉自己的性格简直和妈妈如出一辙，开始还觉得无限懊恼，后来也认可了自己。原来继承了父母的性格，也继承了他们身上的许多优点，这也同样让我感激和自豪。人家说，性格太像的人，更容易发生争执。显然，我和妈妈就是这样的类型。不过，小的时候，她一定无数次地宽容了我的任性和偏执，那么为什么到了今天，我就不能宽容她了呢？

孝顺，说起来很难，其实很简单，因为我们要首先说服自己跟自己做斗争。如果我们真正长大，我们就可以理解和包容许多东西，包括和我们自己很像的父母。但在父母面前，我们又不自觉地由大人变回小孩子，想要由着自己习惯的任性，想要不管不顾、不负责任。在这样的角色变化中，我们和父母之间的关系也在变化着。何时，我们才能够像父母爱护幼小的我们那样，温柔和宽容地爱护他们呢？到了那个时候，我们才算真正地长大成人了！

没在意我是如何长大

没在意我是何时离家

一路蹦跳，一路欢歌，一路挣脱

没在意母亲的唠叨，没在意母亲的不舍

直到如今，我也蜕变成母亲

蓦然回首，母亲已近白头

目光闪躲暗淡浑浊，面部皱纹反映岁月的深刻

印象中健壮的身躯在逐渐萎缩

妈妈啊！除了时光的欺诈还有谁掏空了你的心力

摧残了你美丽的风华

妈妈啊！您把操劳和惦念都倾注在了哪里

如今回首，回首泪流

我是怎么忽视了长大？忽视了离家？忽视了妈妈

妈妈！我沉痛的自责与无限的思念

如同纤夫手中握紧的缆绳，把我牢固拴紧，逆流而上

重返家园，无论多远，多难

妈妈！您的呼唤掀起我心海的波澜

专题声讨会

终于熬到毕业回家，我憋了一肚子的气就要爆发。怎么可以这样啊？太不像话了吧？我可是真生气了啊！这还没到出嫁啊，怎么就没人管了呢？我心底的控诉一遍一遍地演习着。

"听好啊！我就是回来兴师问罪的！为什么啊？原来，刚入学那会儿，你们的表现非常好，这也操心，那也帮忙。"老妈想上来打断，老爸示意不必阻拦，老妈好像闻到厨房的味儿不对，赶紧转身回去。什么意思？满不在乎啊？

我在这里器宇轩昂、理直气壮，历数他们的种种"罪状"：开始的时候连日用品都寄，是吧？有换季的衣服，甚至有零食，还有半个月一次的长途电话，到后来，什么都没了！我是野生的吗？放出去没人管了？……我说得有点情绪激动，有点悲从中来，马上要克制不住地稀里哗啦一通哭，拿眼扫一眼老爸，嘿！可真行，没事人似的。我抓紧憋回去，千万不能让"敌人"看见我的软弱。

"那，你现在过得怎样啊？离开爸妈到底能行不能行啊？"我的亲爸，就这么没轻没重慢条斯理像个公司负责招聘的领导，或是负责考试过关的主教在那儿平静地问着。

这个当然是小菜，不在本姑娘话下。这算什么呀！我一下子又得意起来，就开始给他讲，不但过得下去，而且过得还很不错。现在好多事情都学会自己做，遇到什么问题也不是光知道着急拿不出主意。胆子也大了，敢一个人出去闯荡了！写文章赚稿费，也打零工做兼职，离开你们啊，我样样好着哪！老爸满意地点头，冲我微笑，我回头，妈也在旁边笑，笑得梨花带雨……咦！你们这是演的哪一出啊？

"孩子啊，恭喜你，你长大了！"爸爸深深地嘘了口气，妈赶紧过来抱着我坐下，爱怜地左右前后地瞧着。"都怨你爸，他阻止我，强行看着我，不让我多给你打电话，我差点儿就坐车看你去了。可是，妈怕迷路找不着啊！倒给你添乱惹麻烦。妈就忍着。你爸说，这叫给你'断奶'，我说，笑话，孩子多大了，早就不吃了！他说，是心理奶，你还吃呢啊？妈咋不知道？……"

我忽然就有点迷惑，这时候才感觉到那放手后面的深刻牵挂，在妈心疼地抚摸下，我的眼泪也顺流直下噼里啪啦。

为了孩子的独立，他们得用多少个日夜，坚韧地收藏起自己的牵挂，忍心，和不断锻炼自己的习惯。不只是自己的孩子从前赖着他们，他们也在暗中切割、斩断自己的敏感柔弱的"脐带"。感谢你们的放手，为了我明天的海阔天空，为了轻松翱翔，你们放手，给我自由。

每一个生命都有它独到的名字

每一株花卉都有它美丽的韵致

车前子、牵牛花、常春藤、野百合

如果四季中不是缤纷的色彩

任一种单调的颜色尽情刺眼无限蔓延

你还会有感动吗

万物哺育，不分彼此

温暖的阳光滋润的雨露尽其所能

抚慰每一处生灵

春风里情窦初开的窃窃私语

秋日汗水中映衬的满足喜悦

多少个盛夏火热的誓言

都最终矗立成不畏严寒的山峰伟岸

不必自卑，丢下那悲观颤抖的幼稚怯懦

你的能力所及，就是你成功的光荣

199封相同的邮件

阳光暖暖地洒在我的脸上，我手捧一杯咖啡默默地呷着。我喜欢这个露天的咖啡店，在这儿听不到浪漫的萨克斯和情人的呢喃，反而使人感觉多了一些舒适和随意。所以，我第一次约丁子见面，便选择了这里。

丁子就坐在我的对面，此刻他正专注地拨弄着一串银匙。他的脸形同身材一样消瘦，下巴上还稀疏点缀着一些胡须。在我眼里，丁子算不上英俊，也不能说丑陋，只是一个腼腆的大男孩而已。从他的身上，我完全找不到在网上跟他一起"厮打"时的放肆和坦率劲儿，甚至体会不到一丝"过电"的感觉。

我又抬起手腕，故意在丁子的眼前划了一个美丽的弧旋，问："你已经保持沉默3分零46秒了，你到底是不是我想要约见的丁子呢？"

丁子抬起头来，眼神里露出一丝惶恐和忧郁，淡淡地说："我还认为你长得一定比'骂'我的凶相还要凶，可没想到你会这么靓……"

我听了琅琅地笑了起来，但很快止住笑声，刚才仿佛找到了一点儿丁子的感觉；而后，很认真地问："你在美国打过工？"

丁子仍旧漠然地点了点头，说："去过两年，一边学习一边打工，回来就开了一家电脑经销店。"说到这儿，他也抬腕看了看表，干咳了几声说："对不起，我只能再陪你十分钟。"

真是岂有此理！情场上居然还有这样蹩脚野蛮的人，我站起身来，愠怒地问道："你认为比别人多几张钞票时间就特别宝贵吗？那你在来之前，为什么不拒绝我的约会呢？"

丁子慌忙起身，攥住了我的手腕，阻拦说："你听我解释……"

一种被戏弄的感觉使我变得异常愤怒，"走开！"我猛地将他的胳膊甩开，匆匆离开了。

回来之后，我才彻底明白，原来现实与虚拟是何等遥远啊！我和丁子从两条互不相识的"虫"，到相识并交换"伊妹儿"，单独在一起厮打，已经记不清有多少个日夜了，我也不知道自己倾注了多少感情。

于是，我把满肚子已经开始发酵的那些尖酸刻薄的词语，愤怒地在键盘上敲击出来，并猛烈地喷射过去。我仿佛看到了丁子坐在电脑前那狼狈不堪的模样，甚至还听到了他粗重的喘息。此时，我才真正领略到了报复后的快感。

真想不到在几天之后，丁子竟然还会主动给我打来电话，并且用不容拒绝的口气说："紫筠，明天我在那个咖啡店等你。听话，你一定要来！"

嘿，绝了！我气恼地吼道："混蛋！我为什么要听你的安排？！"然后，愤怒地挂断了电话。我相信自己不会接受他的邀请，因为我已经不喜欢他，甚至还有些鄙视他。"他不就是有几个臭钱吗？"我继续在心里恨恨地骂着。然而，经过一夜反复的思考，我又说服了自己，因为我隐隐地感觉到丁子的内心好像隐藏着一个什么秘密，我决定再会一会这个"怪人"。

第二天，丁子的手里拿着一束火红的康乃馨，在那个咖啡店附近焦躁地徘徊着。蓦然，他发现了我的身影，惊喜地冲上来，粗鲁地拽住了我的胳膊，催促道："快跟我走！"

我防范地问："去哪儿？"

丁子把那一束康乃馨掖进我的手里，说："到医院，去看我的母亲！"

我的脸腾一下红了，又羞又恼地说："我凭什么？快松开手，要不我就喊人了！"

丁子的手一哆嗦，松开了。我急促地喘息着，但我发现丁子的眼睛里竟泛起了泪花。沉默地对峙了片刻，丁子才伤心地说："我母亲快要死了，她老人家总想看一眼未来的儿媳妇，我认为你一定会帮这个忙……"

我的心怦然一动，忽然想起了自己体弱多病的母亲，谁能忍心拂逆一位风烛残年的母亲最后一点小小的心愿呢？我咬着唇，同情地朝他点了点头。丁子狂喜地喊出声来，抓住我的手，飞似的朝车站奔去。

可是我俩还是晚了，他母亲的遗体已经被医护人员推走，空空的床铺上，只留下了一个浅浅的躺卧过的印痕。他失声痛哭起来，而后疯了似的朝医院的太平间冲去。这时，我的心里也好像被猛地蜇了一下，疼得难以自已。

我将手中的那一束康乃馨轻轻地放在微凹的枕头上，火红的花朵，在病房里静静地弥散着淡淡的哀伤的馨香。

我退了出来，在楼下的值班室旁，意外地遇到了一位熟识的护士。护士告诉我，那个病故的老太太并不是丁子的母亲，只是老太太的女儿曾经是他的恋人。他俩一起去的美国，后来老太太的女儿嫁在了那边，他却回来了，并且承担起照顾这个孤独多病的老人的责任。

听到这些，我已是泪流满面。此刻，我只想立即跑回家去打开电脑，收回先前因愤怒而喷射出的那些尖酸刻薄的话语，重新给他发去199封相同的邮件："丁子，我爱你！"

人世间，我四处寻找

寻找伟大的创造

是什么使小草茂盛

是什么使河流不息

是什么使阳光明媚

又是什么使浩大的宇宙有了规则与秩序

我惊异地发现

一切的源泉

都来自母爱

母爱虽这般温柔

而它却是对一切生命的美好孕育

开始掉牙

一直以来，我的母亲都是一个非常注重健康的人。在我们很小的时候，母亲就教育我们——"有个好身体是最重要的"。身教胜过言传，母亲一直是她的几个姐妹中身体最棒的。据说她上学时还经常在校运动会上拿名次。因为母亲从小就十分注意体育锻炼，所以在过去同样艰苦的环境下练就了一个胜于同龄人的好身体。

常听母亲说，过去没有牙膏，一家人都用盐水刷牙，有时候穷得连盐也用不上。所以，尽管那时候不像现在有这么多零食损害牙齿，但由于长期缺乏最基本的保护措施，姥姥在三十多岁时牙齿就掉光了，这在现在是无法想象的。其实，显而易见，这么严重的问题，除了个人身体素质、环境影响以及防护措施，最有可能的就是祖传基因的原因。我几个姨的牙齿也分别在几年前就陆陆续续地掉光了，就连我的老姨——母亲最小的妹妹，也一样未能幸免。而让我引以为豪的是，母亲却是个例外。

母亲的牙齿除了后面有一颗残缺外，其他牙都是完整的。母亲说，这是她长期注意锻炼的结果。她从小就教我们每天用牙齿相敲的简单方法固齿。她不光说，也是这么做的。

惭愧的是，我总是偷懒，没有把这个良好习惯继承下来，而从小爱吃零食的习惯却保留至今，致使我现在就有了不少虫牙。每当我像赴刑场般战战兢兢地躺在牙科诊所的躺椅上，张着嘴犹如一只待宰的羔羊，等待着那些发出刺耳噪音的可怕器械"挖取钻补"的时候，我都在后悔。如果从小听母亲的话，也不至于受这份罪。

正如春夏秋冬是四季的承诺，是任谁也无法逆转的自然规律一样，我的母亲也在一天天地衰老。尽管每天和母亲生活在同一个屋檐下，我还是深切地感受到她的变化。每当看到她日渐蹒跚的步伐和越来越多的丝丝银发，内心总涌上一股酸楚的滋味。记得第一次在车上听到小朋友称她"奶奶"，起身给她让座，那种心痛的感觉是无法描述的。

我有吃零食的习惯。平时下班后总喜欢买一些好吃的东西带回家给母亲同尝。那天下班后，我从包里掏出了刚买的一种新式面包，塞到母亲手里让她尝尝。

没过几分钟，只听见母亲"哎哟"地叫了一声，抬头一看，我惊呆了：母亲原本那颗有一小块残缺的门牙不见了，取而代之的是一个黑黑的空洞，再看看她手中捧着的正是那颗坏了的门牙！

此时，我感到自己的血液仿佛一下子凝固了，难道老人真是那么脆弱吗？仅仅是一块普通的面包，竟能硌掉母亲的一颗门牙！同时我深深地懊悔起来，恨自己为什么鬼使神差地非要让母亲吃这块面包。

"痛吗？"我忙问。

看到我的紧张，母亲笑着安慰我："没事儿，一点也不痛。跟面包没关系，其实这牙本身就坏了，早晚都得掉。"

听到她如此宽慰我，我更加不安起来。我知道母亲再也不能有一口完整的牙齿了。母亲好像一点儿也不为自己的形象受损而难过，还走到镜子前咧开嘴，仔细端详着自己豁掉的牙洞，取笑着："这回可跟你姨她们差不多了！嗯，还不如她们呢，我缺颗门牙，以后说话还漏风啊。"

当我提议带她去医院镶一颗假牙，以恢复她完整的牙群时，她却说："我不追求好看，老人都得有这么一天。再说，掉一颗牙算什么，只要身体没病比什么都强。"母亲就是如此平静、理智地接受了自己的衰老。但是，我能够想象，母亲今后仅凭一颗门牙吃东西，将会比以往更加艰难与缓慢，稍微硬一点的东西可能从此就与她无缘了。我第一次深刻地感受到了岁月的无情与残酷。

整个晚上，我都有些魂不守舍。

寂静的深夜，我躲在被子下面偷偷低泣。我知道我早该认识到母亲的衰老，但我却依然不愿接受。我多么想阻止母亲变老的脚步，让它来得晚一点，再晚一点！

黑暗中，挥之不去的是母亲早年的样子：泛黄的黑白相片上，手持书卷，耳侧扎着两个小辫子的淳朴清秀的女学生；早在1957年为响应"勤工俭学挖盐田"的号召，敢同男子汉比拼，不遗余力苦干后坐在土堆上与同伴们畅快合影的"挖田能手"；结婚照上头发乌黑、双目明亮与父亲相依微笑着的美丽新娘；那个怀抱婴儿眼神中溢满喜悦幸福的年轻母亲……可青春在母亲的身上为何却如此轻易地转瞬即逝呢？当年那欢快的笑声、矫健的身影、灵巧的双手、轻快的步伐都到哪里去了呢？

黑暗中，眼泪又一次浸湿了枕巾。我终于明白了，是无情的岁月以及需要母亲日夜操劳的我们，一起让母亲一天天地逐渐消耗而迈向衰老。那个为了给第二天要参加歌咏比赛的女儿连夜赶制一条花裙子的母亲；那个总爱躲在厨房里把剩饭剩菜藏在自己碗底的母亲；那个把买给她的一件普通尼大衣当宝贝压在箱底从不舍得穿的母亲；那个从来没有去过一次理发店不知什么是"享受"的母亲……

一路走来，人生的每一个拐弯处，始终都有母亲的一双温暖、有力的大手在呵护、牵引着我，使我在生活的变幻与起浮中更加从容、镇定地一直向前……

母亲的一生，付出得多，要求得少，可她却从不计较，甚至遗忘了自己享受幸福的权利。面对母亲的衰老，我们应倍加珍爱自己年轻的生命；母亲齿间的空缺，时刻提醒着我不要忘记做儿女的责任，提醒着我要趁母亲的有生之年，尽自己所能让她幸福、快乐。

"树欲静而风不止，子欲孝而亲不待"，那才是人间真正无法挽回的悲哀！

妈妈，我在哭呢，妈妈，我生气呢

妈妈，我着急呢，妈妈，我发怒呢

妈妈啊妈妈，是不是我发出的所有不好的声音

都会使你牵肠挂肚

或者，如果有一会儿你听不到我的任何声音

你的恐慌，能使世界流泪……

母亲的名字

母亲是有自己的名字的，只是一直以来我都未曾在意。

因为记忆中户口簿上的户主总是用粗大黑体铅字印着父亲的名字，而母亲的名字则一直被忽略隐藏在主页的后面。不知是因为这个原因，还是我真的从未将母亲真正的姓名放在心上，就是我后来参军、入党、提干等，在填写各式各样的表格过程中，母亲的名字也依旧未能引起我的注意。

信息时代，互联网、手机通信早已成为人们相互联系的沟通手段，可我依然执拗地坚持着手写书信这种原始而古老的陈旧方式，与人沟通，我觉得它最能充分表达情感。每次给家里写信，我都会热情澎湃、洋洋洒洒地写上好几页。写完之后，我就会习惯性地在信封收件人位置写上父亲的姓名。

前一段时间，父亲出远门去了外地，当我写完信在信封上第一次认真写上有些陌生的母亲姓名时，内心忽然一阵颤动，因为我分明看到一个秀气漂亮的女性芳名跃然纸上。

回味着母亲的名字，我强烈地感觉到母亲的名字原来包含着那样丰富的美感与遐想！她的名字肯定和她原初的生命一样漂亮美好。如今母亲虽已老迈，不复年轻，可是母亲的名字仍旧熠熠生辉。作为儿女的我们，怎么能把母亲的名字尘封了几十年呢？

为什么我以前未曾注意过？我的疏忽与大意到底来自于哪里？

默念着母亲的名字，记忆，从心海的深处层层浮起，我将湿润的眼神投向远方……

毋庸置疑，母亲是美丽的。年轻时她有一头乌黑的长发，婀娜多姿的身影深深地吸引着父亲赞叹流连的目光。即使现在，母亲的冷暖依旧使父亲牵肠，母亲的一颦一笑一样被父亲眷恋不忘。

如今她虽然上了年纪，可是那一头长发依然是父亲的最爱。那里有他们年轻时的故事，那里有他们最纯真的爱情。

母亲是慈祥的。每天清晨，她常走到我的小床前，弯下腰身一声接一声深情地唤我；她常伫立在家门口，迎着晨风，不厌其烦地叮咛我；她也常一次又一次焦急地来到村口，踮起脚跟，望断我回家的漫漫长路。

母亲是勤劳的。在灯芯捻到最小的油灯下，一副老花镜，守着针线笸箩，母亲的手上一片井然有序的忙碌。那一声声不断敲响的震荡夜空的钟声，似乎在催促着她与时间的赛跑。也许，亲人熟睡的鼾声，正是她平生最爱听的小夜曲。那些好像永远也做不完的家务，还有浆洗缝补，就像她做鞋纳底的坚固麻绳，悠远漫长。

母亲是博大而宽容的。无论是怨还是悔，无论是忧还是烦，生活中的万般艰辛与苦涩，都一如既往别无选择地落入母亲博大的宽容胸怀的名下。虽然泪水是苦的，当它浸透了母亲流经仁慈的心田，重新绽放，会浮现成母亲最开怀的微笑。

　　我把回忆从远方缓缓收回，握紧笔杆，打定主意，以后每封信的封皮上我都要郑重地写上母亲的姓名。用每一次深情的呼唤以及长期坚持不懈的书写，努力拂去母亲名字上久积的尘埃，我要殷切地激发唤起深藏于母亲心底的生命活力，我要让母亲健康快乐地安度晚年，尽享天伦。

父亲老了，老了的父亲就站在那里

他已不再威风，不再有原来魁梧的身躯

他的目光黯淡下来，面部的皱纹像秋后的田垄

他的手脚苍老皴裂，如干枯的树皮

他的气息也弱了，没有了呵斥的刚烈

最难忘他昂首挺胸、迎风凛然的样子

仿佛一个眼神都能穿透一堵墙

可如今他确实老了

尽管他柔软的眼神里是对我满意的笑

但我多想他永远不老

再次戒烟

父亲爱喝酒，每晚吃饭前都要喝上那么一小口，他说这样可以解乏，也从不贪杯。因此，全家人都不反对。父亲也喜欢抽烟，喜欢到没烟不行的地步，没了烟就像丢了魂似的。

父亲嗜烟如命，用母亲的话说"抽烟比吃饭还香"。每天早晨，父亲刚一睁眼，便在被窝里点燃一支烟。等一支烟抽完了，他才开始伸懒腰、打哈欠，然后慢慢起床。

父亲不仅早上抽、晚上抽，饭前、饭后、去厕所、干完活，随时随地都要抽。听母亲说，早些年人们生活都比较困难，很少有人自己出钱买烟，大多是在房前屋后的地头上自己种植旱烟来抽。这种原生的烟叶烟味更浓，烈性更冲。母亲为躲他这烟熏火燎的呛劲，没少跟他生气争吵，但父亲的烟依旧坚持抽了几十年。

后来家境富裕了，看到别人嘴上叼着香烟，父亲一方面图方便，另一方面也是因为羡慕，于是他也经常买来香烟掺混着抽。日子久了，父亲感觉香烟没劲儿，还是不如旱烟过瘾。他就又恢复了抽旱烟。

父亲年纪越来越大，终日与他形影不离的烟也开始为他带来麻烦，最令他难受的就是咽炎、支气管哮喘。大家一天到晚看到他总在咳嗽、吐痰，常常把脸憋成了猪肝色，我们心里都很难过，除了积极为他寻找各种治疗咽喉、气管顽症的药物，同时也一个劲地劝他戒烟。

没想到，父亲一下被惹急了，冲我正色道："你自己年纪轻轻就学会了抽烟，你咋不戒？我老头子抽了大半辈子了倒来逼我？"于是，为了父亲的健康，更为了增加语言的说服力，我自己首先宣布要戒烟，然后再劝父亲。父亲这次真切感受到了儿子的好意和孝心，不好再推辞，也被迫戒烟。为此，我和母亲对父亲进行了一次全方位的搜查，将父亲兜里、柜里的烟全部清除。

第一天，父亲笑容可掬地安然度过；第二天，父亲脸上的笑容还在，但是开始变得僵硬；第三天，父亲的笑容彻底消失，偶尔还出现不规则的面部痉挛。于是，父亲开始在家里翻箱倒柜，倒腾半天一无所获后，便颓然地坐在沙发上，两眼呆呆的。

此后的一周，父亲的变化有些惊人：两眼无神，嘴唇青紫，印堂乌黑，浑身有气无力，做起活来全然不像以前那样生龙活虎了。

将近半个月，父亲从外形上看，已经和我先前所熟悉的人没有任何关系了，因为我无法把这个干枯的、摇摇欲坠的老头和我那个高大威猛的父亲联系在一起，戒烟已经使父亲放弃了继续寻找生活的乐趣，他的所有行为表明：他这辈子和香烟的缘分还得继续。

看到父亲这个样子，母亲最心疼，她就买了一包烟偷偷塞给父亲，但是严厉声明一定要控制数量，父亲自是欣喜若狂，表示一定说到做到。就这样，父亲的戒烟史只经历短短的半个月便宣告破产。好在，父亲真的听了母亲的话，抽烟数量明显减少了。

后来，我家发生了一系列事情：先是母亲得了一场病，接着我又上了高中，为此花去了不少钱，我们的家境也日趋衰落；再后来，我考上了大学，由于学校离家比较远，就很少回家了，而且上学的花费更多了。家里有一次来信说，家中一切都好，只是父亲为了能多省几个钱，又改抽旱烟了。

后来，我大学毕业并参加了工作，那时我家的家境依然没有好转。可是为了结婚、买房，我不得不再次向家中伸出了求救之手。

一次回家，我特意给父亲买了一包名贵的好烟。要到家时，父母老远就笑着出来迎我。父亲替我接过身上沉重的背包，背在了自己的身上。这时，我把那包香烟小心翼翼地从手提包里拿出来，兴奋地对父亲说："爸，给你，这可是好烟啊！"

父亲脸上带着一种说不出的表情，看着我满不在乎地笑笑说："我早把烟戒了！"我一下子愣住了，接着不相信地望向身旁的母亲，母亲的眼光躲闪开，嘴里是一声轻微的叹息。

回想当年父亲戒烟那般难受的样子，如今为了我……我脸面通红，心里有些酸楚。父亲觉得我没动，回头看我，无所谓地说："其实我早抽够了！现在老了，也抽不动了。"

总觉得热血一来，我们会回报父母很多，而相比之下，父母除了赋予我们生命，仅仅那份发自内心的真诚而言，我们就无以报答。

一盏油灯，一副老花镜

盘坐在土炕上

手里是针线和需要缝补的衣衫

而这些形象，只能让我联想起姥姥或是奶奶

一个现代母亲

她的操劳与辛勤体现在哪里

双休日的一次洗衣

节日里的丰盛晚宴

或者只是平日里

陪孩子写作业，睡前讲的经典童话

当然，无论如何，作为孩子

我们要感激父母

因为他们的教育与耐心

使我们感受到爱的温暖

母亲的鱼头

　　一次，应朋友的邀请到他家里吃饭，他的母亲为我们做了一桌丰盛的晚餐。其中有一盘喷香的红烧鲤鱼。大家入座，开始享受这顿盛宴。我注意到一个奇怪的细节：不等大家开动，朋友第一个不声不响地一伸筷，把鱼头夹到了自己碗里，津津有味地吃了起来。饭后，朋友出来送我。在灯火阑珊的小径上，我们散步闲聊，我不禁有点疑惑地问他："以前在一起吃饭时，我怎么不知道你爱吃鱼头呢？"

　　他笑着对我说："谁说我爱吃鱼头了，我一直也不爱吃鱼头。"

　　"那你今天？"我不懂地追问。

　　"从小到大，我们家的鱼头一直归我母亲，她总说，鱼头有营养。而我跟弟弟妹妹们就心安理得地吃鱼身上的好肉。直到有一天，我在一本书上看到，所有的女人都是在做了母亲之后才喜欢吃鱼头的。原来，我的母亲骗了我整整20年。"

　　这时，我突然感觉朋友说话的声音虽淡如远方的灯火，却包藏了整个家的温暖。

　　"原来这样啊！"看着他远去的背影，我也不禁陷入深深的回忆中……

小时候，我家很穷，一个月也难得吃上一次鱼肉。每次闻到邻居家飘来的鱼香，我的口水总也藏不住。后来，父亲在外面打工，每月有了一点额外收入，回家时也会买鱼。尽管很小，也很少，可是每到月底，父亲的身影就会成为我最快乐的企盼。

每次吃鱼时，母亲总是先把鱼头夹在自己碗里，将鱼肚上的肉夹下，极仔细地把刺去掉，然后把肉放在我的碗里，其余的便是父亲的了。当我也吵着要吃鱼头时，母亲也是这样的论调："小孩子抢什么？这鱼头是娘喜欢吃的。"

那时，我想母亲真偏心，总把好吃的都留给自己了。有一次父母不在家，我偷偷地把剩的鱼头夹了一个。吃来吃去，觉得一点也不好吃。不懂事的我那时还在疑惑：为什么母亲说鱼头好吃呢？到底好吃在哪呢？

有一年外婆来我家，母亲买了鱼招待外婆。吃饭时，母亲把那些鱼肚上的好肉都夹进了外婆的碗里。而外婆笑眯眯地对母亲说："闺女，你不记得娘最喜欢吃鱼头了吗？"

说完，外婆细心地挑去刺，把鱼肉放在我的碗里，并说："娃是长身体的时候，多吃些鱼肉，补身体。"

接着，外婆用筷子戳过鱼头，津津有味地嚼着，而那时我分明看见母亲悄悄转过头去，天真的我还兴奋地喊道："原来母亲的母亲也爱吃鱼头啊！"母亲狠狠地瞪了我一眼。也许那时我还没有读懂什么叫母爱吧？

大学毕业后，我有了工作，也很快成了家。父母怕打扰我们的生活，而且他们也不愿意住在城市里，于是他们还是回到乡下去住。每到节假日，我和妻子总会回家看看，并时常带一些鱼、肉等。母亲总是把这些菜做得特别有味道。

那次，我和妻子又买了好多鱼回家，母亲照例做了一桌好菜。吃饭时，我和父亲每人倒了一杯酒，边喝边聊；妻子和母亲则在一旁边吃边聊。正当我和父亲喝得高兴时，妻子却和母亲争执起来。

原来，孝顺的妻子为了让母亲多吃些鱼肉，她把鱼头夹到自己的碗里了。母亲想让儿媳吃鱼肚上的肉，又把鱼头抢到自己的碗里。就这样，两人你来我往地争执。最后，儿媳拧不过母亲，鱼头还是到了母亲的碗里。

可是母亲刚吃了一口鱼头，却不小心被鱼刺扎伤了牙膛。血从母亲的嘴里流了出来，妻子急忙去照顾。这时父亲急了，对母亲吼了起来："你说，以前条件不好，你吃鱼头，现在条件好了，什么都不缺，你怎么还吃鱼头呢？"

"以前穷，只好吃鱼头，可是年头长了，自己不吃鱼头又有些想了。况且孩子们年轻，身子需要补补的……"母亲低着头，手捂着腮帮轻声地嘀咕着。

看着母亲像一个犯错的小孩一样坐在那里，我早已深深地埋下了头，眼泪像断了线的珍珠似落入酒里……

爱，会在不经意间触动人的神经，那时，我才第一次读懂了深藏在鱼头里的母爱，明白了母亲对子女细致入微的关怀。

如同古老的誓言，恒久未变
那样牢固的镌刻，薪火相传
感恩，倒也说不上的
因为，是的，对不起，孩子
我在你的面前并非完美
我是有缺陷的一环
你有权利反抗、批判
不必完全保留、继承
你要审慎、检查、修复、提高
不要在置气中蒙蔽

妈妈，我没走远

母亲就是这样：当你从母腹中呱呱坠地时开始，她的脸上就开始绽露欣慰的笑容；当你莫名的啼哭，母亲便焦急得手足无措，轻拍着、轻哄着、安慰着、抚摩着，想尽一切办法减轻你的苦痛，就因她心头的不舍。看着你坐，看着你爬，看着你逐渐顽强长大。你开始学步，她左右护卫；你要去上学，她风雨无阻地常年接送。而你，似乎总有负气，总有违逆。你总是用你的自以为是来回敬妈妈，从吐她一身的乳液，到不小心把饭菜掀翻弄洒。她刚清洗整理完你全身的衣物，你已把床铺弄得凌乱、把墙壁涂花。

之后，她买了你要的足球，你却用球撞破了邻居的窗户。你工作了，你恋爱了，直到你成家立业，进入婚姻家庭的世界，母亲的牵挂一直如影随形相伴与你。可怜天下父母心啊！所有这一切，你是否都还依稀记起？

我是多半淡忘着，或者一片茫然，模糊得不再深刻。都说亲情无须回报，也自认为亲情无非血脉的传承、姓氏的延续，也许多年单身的冷漠，从没体会过为人父母的细致焦灼。而那天的《让世界充满爱》的演讲视频中，突然的触动，仿佛醍醐灌顶：一个孩子与母亲争执，负气离家出走，饥饿流浪中饭店老板的一碗剩面竟使他感激涕零，跪地磕头谢恩。老板的一番提醒与训斥，叫他倍感羞辱自责："孩子！我这一碗面就让你下跪感激，可你想过你的妈吗？她用了多少碗面，才把你辛苦养大？"视频现场哭声震地、挥泪如雨，我的眼眶也不由得湿了！因为这也使我忆起极其相似的一幕：

那是我十二三岁时的一天，记不得到底是因为什么，我和母亲激烈地大吵了起来。之后我任性地离家，心中还愤恨不平："哼！有什么大不了的啊，到哪里还不能活？还非得在你们家？看谁找谁，我才不管呢！"就这样暗下誓言，接着就悄悄地毅然出走。

其实，我也不知道究竟要去哪儿，反正就是漫无目的地四处游荡，直到天空渐暗，肚子开始不停地乱叫，寒冷也让我全身瑟缩颤抖。我情不自禁地开始想家，默默地呼唤着妈妈，脚步也不由自主地迈向家，尽管执拗，尽管坚持，我的心理和生理的防线都在摇晃、削弱、崩塌。路过小吃摊，我贪婪地吞咽着吐沫，那是张婶："哟，快！坐这儿歇会儿，暖和暖和。饿了吧？婶儿这就给你煮碗面，等着。"

耳听这些话语，我当然满心温暖，联想着话语内容，愈加亲切感激。张婶不算邻居，可她的铺子离家不远，也就自然相熟，吃就吃吧，反正饿到不行，钱的事，填饱肚子以后再说，反正我不会赖账。

狼吞虎咽地吃了面，没等我说给钱，张婶一边收拾，一边嘱咐我说："孩子，还等啥啊，赶快回家吧！你妈抱着衣裳满街地转悠，找你半天了！你们这些没轻没重、不管不顾的毛小子啊，哪知道当妈的心啊！见不着就瞎想，急啊！"

这一声着急，真的激起我敏锐的神经，也许是害羞吃饭没钱不知道怎样溜走，没来得及告别我就匆匆离去，昏暗中急切地向家中飞奔。一处拐角，我险些撞倒一个人，停脚，细瞧，正是自己的母亲。

"儿啊！哪儿去了？妈把你好找！"

我不敢说话，只想努力克制，但却还是忍不住，"哇"的一声开闸放水地哭了。不知是要诉说自己的万般委屈，还是要尽量安慰妈妈，我扑进妈妈怀里放肆地流泪。

母亲赶忙为我披好衣裳，只是爱怜地搂紧我，抚摸我，毫无训斥埋怨。

心想着从前的过往，我又泛滥起淡淡的忧伤，有了些自责和憎恨，忽然明白一些质朴简单的道理：无论自私还是为公，无论大的社会还是小的家庭，人之为人，总有一份责任。相互牵挂，相互给予，相互依存，谁都并非单身。

经历了这么多年的冷漠，我开始反思，人可以单身，但人格不能稍有欠缺！我主动完善自己，回归和丰满我所遗失的人性。于是，我郑重地把一直深藏心底未能亲口对母亲诉说的话语大声宣布：妈妈，对不起！让你费心，惹你生气！我知道错了，我改！今后请您放心，我一定好好孝敬您！

毫无疑问，无论谁再问起，我都会大声准确地回答

我的母亲，我生命中的一切优秀，都源自你的赋予

从强劲的躯体到睿智的头脑

从健美的外部到美丽的心灵

你督促我不懈努力，追求完美

无论我的性格、我的习惯

无论我的学识、我的教养

我的每一个举手投足你都严格要求

生而为人，尽现完美，无愧荣誉

妈妈，我爱你

母亲节的母亲

母亲节就要到了，父亲和全家人商量着要把这一天过得有声有色。当然，这个想法得到了全体成员的一致赞同。最后，我们决定为母亲在这一天举行一次特别的庆祝。母亲开始不同意，她觉得这样太浪费了，可是经不住大家的劝说鼓动。我们想让母亲体会到：是她的勤俭，以及积年累月的辛勤操劳，才创造了我们整个家庭的幸福圆满。就为这，我们也该对母亲表达由衷的感激。

我们希望、努力把这一天过得痛痛快快的，让它成为具有非凡纪念性意义的于我们全家的一个特殊节日，我们要尽其所能地让母亲高兴。正好那天也是休息日，父亲、大姐、二姐和我都不用上班，就提前告假赶在当天回到家里。我们都分别给母亲准备了礼物——一大束康乃馨以及漂亮的衣服。

我们几个姐妹，老早地就相约来到父母家，并且都忍不住拿出新买的漂亮衣服争先恐后地让母亲试穿。看着母亲穿上漂亮的衣服在镜子前美滋滋地照来照去，蕴藏在我们心底里的温馨幸福也就由此深入地荡漾开来。接着我们又和母亲一起把室内整理装饰一番。

　　早饭后，父亲临时做了一个出乎意料的安排，他想开车把全家人载到野外好好玩一次。这么好的天气，大家闷在屋子里，除了聊天打牌，就没有什么可干的了。大家觉得有理，于是全体为这样有益的改动欢呼雀跃。

　　仔细想着，感觉还真是如此，母亲本身一个重要的角色就是家庭主妇，她牢固坚守的工作岗位就是家庭，每天在这里操心劳作、日夜不停。遇到这样晴朗的好天，真该让母亲去户外享受，这对母亲一定是难得的美好。

　　大家收拾好东西，陆续开始上车，始料不及的问题出现了：全家人总共六口，而父亲的车，核载只准乘坐五个人，也就是说，必须有一个人留在家里。眼前的场面十分尴尬，但是身为父亲，他不忍心拒绝任何一个子女，这又是他提出的建议，所以主动要求留在家里。他嘱咐由我负责开车，带大家出去游玩，而且催促着抓紧出发，别耽搁时间，不用为他操心。

　　大家又开始围绕着该谁留下来讨论开了，当然更多的是主动愿意自己留在家里，让别人可以充分享受快乐的奉献精神。父亲坚持说他可以留在家里收拾屋子，弟弟说他留下来可以安静地学习，姐姐想留在家打扫房间卫生……大家争先恐后、七嘴八舌，最终，却还是母亲，原本需要庆祝报答的主角。

　　母亲的原因显得极其有理有据："难得大家有机会整齐地聚在一起，大家的心意尽到了，我心领了，而且非常满意！现在大家需要出去，你们年轻人，身体好，别窝在屋里。妈身体弱，冷不丁地外出运动，妈怕有些扛不住。虽然已五月，但咱这是北方，空气里到底是积攒着凉气，妈的确没有体力陪着你们一起。既然过节，我提议，就把妈留在家里，放假休息！让你爸代表我开车送你们出去。临到回来了，妈再提前给你们预备晚饭，这样的一天安排就齐全圆满了！"母亲说完，主动上前逐个拥抱了我们，再意味深长地拍拍父亲的肩头，像是恳请和嘱托，示意他上车发动别再耽搁，然后就意志坚决地走回屋去。

这就是我们的母亲，也是所有天下母亲的代表。她们终其一生都忠实地守候着自己的职责，无私的奉献，无怨无悔，为着她喜爱的家人尽心竭力，只要有牺牲，她们无论自己的身体是多么的瘦弱，也一定想方设法冲在前面，而且，她们找到的理由竟是那么的牢不可破，原因就是——她们是母亲，所有的母爱都包含着博大的胸怀。

爸爸陪伴我们在外面玩得很开心，回到家后，母亲的晚饭也预备得异常丰盛，我们祝福着母亲，祝福着父亲，祝福着我们全家人的健康幸福！

妈妈，请在我的视线里停留

请在我的关怀里驻守

如同我小时候你对我的深情侍候

妈妈，陪在我身边吧！就像我小时粘你

小时你抱我，现在我背你

这是世间最好最美的风景了

充满温馨与爱的传递

背后的温暖

那是很小的时候，一个冬天，我的肠炎犯了。一晚上煎熬，严重脱水。

第二天早上，天蒙蒙亮，老爸骑着那辆单车，带我到了中心医院。

"食物不干净的缘故。"医生冰冷地说。

于是开方取药，消炎的、补充能量的、补充水分的，整整两大瓶点滴，看着都叫人发冷。我精神很差，也懒得说话，药水一点一滴地经过手背的血脉走遍全身。我手都冻肿了，全身被一股寒气坚韧地渗透着。

我在医院的床上昏沉沉地睡觉。老爸出去买盒饭了，一刹那我有点恐慌。老爸带回来的食物很香，但我只吃了几口，真的没胃口。还是睡觉养神吧！

下午，又是两瓶子。换药什么的，都有老爸照顾着。我安心地只管迷糊，意识也跟着模糊了。似乎做了梦，我觉得身体渐渐温暖，就好像抱着热水袋，在被窝里，很惬意地等待入睡。可是，又恍惚记得是在冰冷的医院。身上的棉被，散发着刺鼻的药味。脑袋里的意识乱七八糟的，我会不会又感冒了？输液的药水冰冷，怎么感觉身体在发热？醒来时，身旁一个护士来换药。可以确定，我的精神在复苏，发热也不像是感冒的状态，因为很舒服，恢复正常的感觉。

哦，原来是老爸给想的办法。大瓶子的冰凉药水在挂起来点滴前，都被在热水里腾热。想不到木讷的老爸居然如此细心！

本来病着的身体就虚弱，又是冬天，还输入这么多冰凉的药水，身体怎么受得了。换成温热的药水缩减温差，我的身体好受多了。

两瓶葡萄糖混杂着消炎药，带着温暖，流遍全身。

等晚上恢复得差不多了，老爸往来奔走在医院的各个部门，开药、划价、交钱、取药，然后带我回家。

路灯已经亮起来了，还是那辆老单车，尽管路上人来车往，但老爸骑车永远稳妥。拐弯，穿过巷子，长长的街道，我分明听见老爸在嘀咕：那位护士怎么下午才说，要是早点知道有这法子，就不用多受罪了。

老爸准以为我在车后睡着了，他从来不在我面前嘀咕的。我继续闭着眼睛，那件大衣把我裹得十分严实。

长长的街道走完，再拐弯，到家了。母亲做好饭菜已经等待许久，一进屋就手忙脚乱的。父亲照旧沉默地坐到饭桌前，这时候他们俩就算是交差换班了。家里不用他照顾我，他也就只管安心地为自己倒爱喝的小酒，我忽然对父亲有了别样的感受。

父爱，或许就是这样：从不显山露水，永远在你的背后弥漫开来。

[第五章]

温馨回馈

孝，是晚辈的搀扶；敬，是礼貌地对待

孝敬加起来，是尽全力尊重和奉养我们的父母

这是否有些轰轰烈烈了呢

或者是提前拉开了史诗的大幕

其实，我们每一天与父母的相处

都可以有孝敬的体现、爱心的融入

听话、懂事、不磨人、守规矩

在每一个不同的年岁、每一个时间段

做我们能做的事情，完成我们该完成的任务

就是对父母最好的孝道

简单的答案

一家电子科研公司为了扩大市场，决定招聘一名具有较高专业知识，且管理经验丰富的人任市场部经理。

经过一番激烈的竞争后，一道难题摆在了公司负责此项事宜的主管人员面前。因为有三位应聘者旗鼓相当，令人一时难以决断。

我是公司的总裁，听说此事后，我单独约见了那三位应聘者，在一番闲聊之后，我决定聘任其中一位名叫S的年轻人。一些主管人员对我的决定，感觉有一点疑惑。然而，我却非常自信地笑了。

经过一年的打拼，公司在市场上独占鳌头，获得了巨大的效益。后来，公司特意给S和他所带领的市场部举办了一次嘉奖宴会。在宴会上，职员们对我高瞻远瞩的眼光都深表钦佩，也有一些主管仍不解地问我："在那种情况下，你是凭借什么做出最后的决定呢？"

听了之后，我欣然一笑，并没有直接回答这个问题，却讲了一个好像与此话题无关的故事：

"十几年前，有一个男孩以优异的成绩考入省城一所科研大学。然而，他的家境十分贫穷。他的母亲没有工作，而且还患有严重的风湿病。他的父亲是一名泥瓦匠，为了供应儿子上大学，和给妻子治病，他不知疲倦地劳碌着。他自己从来不舍得花一分钱，甚至几年来没有添置过一件新衣裳。即使这样，他们家的生活仍捉襟见肘。

就在他上大二那年，他的父亲也来到了省城打工。父亲却从来不跟他见面，他只知道父亲是在一家建筑工地上打工。每到月底，他就会收到父亲给他寄来的生活费。就这样，两年来，他和父亲同在一个城市，但是他俩从未在这座城市里见面。

临近毕业时，他和几名同学一起乘车去本省最大的电子信息城做一次市场调研。在途经一个站牌时，他蓦然发现，在一个垃圾箱旁边，有一个令他再熟悉不过的身影。只是那个衣衫褴褛的身影，比以前显得愈加苍老和佝偻了。

随着车轮徐徐启动，他转过脸去，眼泪涌了出来。几个同学惊诧地问：'你这是怎么了？'

他抬起头来，指着身后那个渐远的，仍在翻捡垃圾的老者说：'你们……看到了吗？……那就是我的父亲……'"

故事讲到这里时，我的眼里溢满了泪水。众人也都被我的故事感动了，他们从我的神情上，已经猜测到那个男孩是谁了。

而后，我饱含深情地说："父母的身影，在我的心中是一道铭刻一生的印痕。我之所以任用S，是因为我与他们三个人单独聊天时，只有他很自然地说出了他父母的生日，而且也只有他能够回答出每年5月的第二个星期日和6月的第三个星期日是两个什么日子！"

答案就这么简单。

操劳了白天，又来服侍这夜晚

您手中忙不完的活计儿

就像您每天的唠叨与叮嘱一样细碎漫长

没完没了

天冷了，别冻着

您的叮嘱把我裹得严严实实

天晚了，早点上床休息

您的唠叨能深入我的梦里

母亲的牵挂就像血缘

如影随形无可避免

我怕再没机会对你好

自从生产，我便开始在家带孩子。孩子需要看管和陪伴，使我暂时不能上班。后来，我终于找到了两全其美、解决困难的好办法——开设了幼教班，自己当老师负责托管，生计、看护两不误。

一个周五的下午有课，但是，提前做好的课件却找不到了。我正在为自己的事心急如焚，父亲却又偏赶这时候过来添乱："让你帮我找的鼠标找了没？"

家里有一台连着网线的台式电脑，就放在书房里，供我工作使用。老爸用的，是被我淘汰的功能老旧的笔记本，只是找不到鼠标放哪儿了。他总是不习惯触摸板，而我感觉这不是什么大不了的事，可以将就用。现在我正焦急地翻寻重要的课件，老爸非得这时候掺和，嘴上忍不住放出话来："没看忙着啊，哪有工夫？"

听我不耐烦地扔出去的话，父亲没有应声，我接着翻找我的课件，找不到，就得抓紧重做。这时候又听到父亲在家门口跟我说话："这纸壳箱你还用不用？放这好几天了也没见你弄。"

纸壳箱？哦！那是我说留下来要和女儿一起做手工的，摆在那里有几天了，还没来得及弄。怎么这老头今天非跟我找别扭杠上了？"嫌碍事，你就扔了！"我在书房冲外面没好气地喊。

父亲闷声不响地开门出去了。

大约过去了五分钟，家里的门铃响了起来，正在厨房忙着做饭的母亲出去开门，"快，你老公被车撞了！"前来的是在小区门口开超市的一位大姐，赶路太急，她正蹲下身体不停地喘着粗气。只见母亲不顾一切地撒腿就往外跑，我则是愣住了，一时恍惚，回不过神来，努力清理着到底发生了什么。我赶紧把孩子塞给超市大姐，跟随母亲的后面飞奔。

刚出小区的大门，就看见穿着红格子衬衫的父亲斜坐在地上，身边已经有了一大片血渍，而且还在源源不断地从父亲的鼻腔中涌出来。阳光把地面的鲜血照射得格外刺眼，正如怒目而视的指责。究竟是谁撞的？我心慌意乱，手足无措。

有人报了警，也有人挂了急救电话，可救护车就是迟迟没有过来。救人要紧，得抓紧时间啊！最终，是小区里的一个邻居开车将父亲送往医院，母亲也上了车，我则留在原地，等待警察的到来。

我是远嫁，所以公婆不在身边。生了孩子后，便和父母住在了一起，方便照顾孩子。朝夕的相处，使得我跟父母之间的摩擦也多出了很多，所以争吵也少不了。吵得厉害时，我和父亲可以几天谁也不理谁。最后总是父亲主动示好言和，而那时候的我还满是得意地想：看，还是我对吧。

地上散落着父亲被撞时遗留下的一些东西：扭曲的电动车、打火机和烟盒……受现场残酷血腥气氛的影响，我的心不由得揪紧，我感到恐怖自责，我真的害怕出现什么不测。听说父亲刚出小区大门就被一辆急速飞来的摩托撞倒，我在想，万一父亲真走了，或者从此昏迷不醒，我要面对的将是怎样的不堪和遗憾？父亲是被我吵出去的，而且，我将再没有机会和他解释，再不能同他说话。我心里涌起无尽的悲伤，泪水就像断了线的珠子，顺着双颊噼里啪啦地落下。

眼泪吧嗒吧嗒地掉，心里乱七八糟地想，看着地上散落的东西，我下意识努力地把它们聚拢到一起，同时也在内心里默默地祈祷着父亲的平安。

警察终于来了，记完笔录，我就赶往医院。母亲哭着告诉我，这里的医院治不了，要转到北京的大医院。接着就在父亲朋友的帮助下，转院到了北京。

所幸的是，父亲只是颧骨粉碎性骨折。医生建议手术，但是父亲却不想再忍受面部钉两根钢钉的痛苦，选择了自行回家调养。看着父亲瘀血散到脖颈，一张脸肿成两张大，眼睛嘴巴都张不开的样子，我变得分外勤快，洗衣、做饭、洗碗、收拾家……好像在尽我所能地弥补过失，虽然这些并没能让我的内心真正好受哪怕那么一点点。

每逢有亲友前来探望父亲，面对大家的各种询问，父亲只是说他脑子走神儿在想事情，但绝口不提出门前我们曾经吵过架。就算母亲问起，父亲也什么都没有说说。那一个星期，我每天都感觉明天不会再到来一般，抓紧一切空闲努力表现自己，唯恐有什么来不及；而一旦疲倦地瘫坐下来，整个人就会被无边无尽的绝望与黑暗淹没。我的生活从来没有如此糟糕过。经由这样深重痛苦的追悔自责，我也终于想明白了一些事情：要对身边的人好一点，不要认为他们可以等你有时间有精力再去对他们好，意外随时可能发生，时间也不会永远给我们机会。所幸的是，经历了这样一场惊心动魄的意外，在撕心裂肺的疼痛自责追悔中，我终于惊醒懂得珍惜。或许，这就是所谓的成长吧。

还好，我还有机会对你好。

爸妈啊，我一生深爱的父亲母亲

请你们大声说吧，把你们内心的愿望如实地告诉

我将带领你们去实现，去满足

如同我们小时候你们为我们尽心竭力去完成的一样

不留遗憾，不把遗憾寄往天堂

每一个人生都很有限，每一份珍贵都是亲情陪伴

让我们在能做时就动手，让我们在该出发时毅然前行

山光水色，鸟语花香

从前我们只是低头忙碌

居然无暇欣赏

如今，让我带你们走进山水，融入画里

把每一份生命的享受尽收眼底

不是成为听讲者、观赏人，而是完完全全真实亲历

你们想去哪里，我就以实际的行动到达

如同儿时听你们描述的传说故事

让我带领你们完成一次美丽的童话

夕阳号特别慢车

"一民啊，我都这把岁数了，眼看也没几年好活，真想出去走走。要不，就蹬你那辆小三轮，咱们就这么出去，行不？"

2000年年初的一天，家住在黑龙江省塔河县74岁的老汉王一民去哈尔滨看望已年满98岁的老母亲时，母亲忽然对儿子说了这样一番话，孝顺的王一民则赶紧一口应承下来。

老母亲姓吴，虽然年事已高，可是身体依然硬朗，平时就住在弟弟家里。

王一民是个孝子，只要是老母亲交代的事，能办到的，从来没说过"不"字。听母亲这么一提，天生豪爽的王一民就此下了一个更大的决心：带着母亲到全国各大城市转转。要知道，74岁的老汉要骑车带母亲远行，这可绝不是一件简单容易的事儿。由此，王一民的毅力和孝心可见一斑。

说走就走，跟家里一商量，谁都知道王老汉的倔脾气，打定主意的事儿九头牛也拉不回来，谁能管得了？就这样，王一民开始了准备工作。他首先改装那辆三轮车，前轮换成了摩托车轮胎，把车体加固得结结实实，上面用木板搭了个挡风遮雨的窝棚，里面铺上厚厚的被褥，外面刷了层油漆。王一民给它取了个好听的名字，叫"夕阳号特别慢车"。

在一个阳光明媚的春日早晨，携带好充足的旅途必需品，王一民带着老母亲出发了。

为了尽量像那么回事儿，王一民也学着那些正规旅行者的样子，每到一地，一定要到当地体委、民政局或者旅游局去盖个章。也有热心人请两位老人吃饭，他也执意请人家写下几句话，留下联系方式，以便纪念或是日后道谢。三个月下来，一册厚厚的笔记本已盖满了图章，写满了祝贺。

尽管这样，我们也可以想象王一民的整个旅程是艰辛的。他并不富裕，从家中只带了4000元钱，做好了省吃俭用的准备。夏日的夜里，王一民让母亲睡在车里，自己往车旁的野地里铺张席子一躺，醒来时，身上满是蚊子包，就为了省下住店的几十块钱。两人吃得更简单，两个窝窝头就解决一顿饭。有时，王一民还为老母亲买来爱吃的红烧带鱼、豆腐羹，并先亲自把带鱼两边的骨刺去掉，再夹到母亲碗里。

就这样，两位老人一路向前。沿路有了好风景，王一民就把母亲从车厢里揣出来看看；遇到著名景点，就干脆一整天在那里晃悠。老母亲越走心情越好，越发迷恋上这长途旅游。

大佛像、玄武湖、秦皇岛、趵突泉……数不尽的风光，看不够的风景，把王一民的老母亲乐得嘴都合不上。

后来，二老身上的钱不多了。在别人提示下，王一民在车上写清了二老出行的路线、目的地："塔河—海南—西藏，母子携手游天涯"。没想到这法子真好使，路上只要车一停下，就有人围过来，5元10元地送钱，也不管王一民母子是否接受，放下就走。

一路上，小三轮刮风下雨都不怕，最怕走上坡。过黄河渡口的时候，车需要推上大坝，王老汉推到半道时，已上气不接下气。一个过路的小伙子见了，放下自行车就上来帮忙，一直推到坝顶。像这样的陌生人，两位老人一路上遇到不计其数，他们中有年纪相仿的同龄人，也有青年人、小学生，那一幅幅上坡的美丽场面，伴着沿路的风景，被老人深刻地记在了心里。

在人多的路段，会有人主动上来帮忙，可是在少有人迹的地方，王一民只能一个人艰难地推着车子前进。车子吱吱嘎嘎地响着，伴着老人家沉重的喘息，间或被身旁呼啸而过的隆隆汽车声吞没。就这样，汗水被沉重的脚步印在路上，老人家的胯骨轴像生了锈一样开始费力不听使唤，直到后来，疼痛会让他走一段就得停一停。或者说，此时他第一次品出了自己在70多岁的时候选择这种生活方式的另一种滋味，也最深切地让人因此掂量出了他回报母恩付出的重量。

炎热而尘土飞扬的山道上，王一民在不停地擦汗、喝水，早晨上路时带的水没了，就找路旁的山泉喝。清冽的水滴汇集在王一民长满老茧的大手上，滋润着母子俩干裂的嘴唇。每一段旅途都充分见证着王一民的拳拳孝心。

2001年1月4日，王一民老人慢悠悠地蹬着"夕阳号"，进了高楼林立的大上海。其实，王一民"千里走单骑"的事迹早已传遍了全国，很多人都知道有这样一位孝心可比日月的老人。他们到了上海后，受到当地人民的欢迎，很多公司免费为他们提供食宿，把两位老人感动得不知说什么好。

在上海的几天里，上海《新闻晚报》的记者带二老逛了外滩，上了东方明珠塔。在塔上，王一民母子看着窗上标着"离哈尔滨4000公里"，想到不知不觉之中，这么多路、这么多城市就这么骑过去了，不由得感觉有些吃惊。

休息了几天后，王一民又带着母亲向远方出发……

在王一民的记录本上，留下了一串串走过的城市的印章——唐山、天津、廊坊、聊城、北京、石家庄、邯郸、泰安、临沂、淮阳、高邮、扬州、南京、常州、无锡、苏州、上海、嘉兴、杭州……有一天，老母亲把儿子叫到一旁吩咐道："儿子啊，假如哪天我在路上不行了，你把我就地火化，之后一定还要继续走下去，要到海南，到西藏。"王一民含泪答应了老母亲的要求。

就是这样的两位老人，凭着他们心底那股不可抗拒的力量支撑着，要在有生之年看看外面，看看世界，即便老了也活得有滋有味、有模有样。他们把自己生命里的每一分能量，都努力地燃烧绽放。

孩子啊！你说的是什么

好像一句合理的废话

把你爹这张老脸都听得发热害羞了

哪儿用得着内疚？更说不上记挂

爹做的这些，还不都是我应该做的吗

是这个身份，就承担这份义务

谁家的爹娘不是这样做的

等你也做了爹了，你也和我一样

说啥报答

在世做人，这就是责任

给爸爸洗脚

如今，一年里有那么多的节日，而那么多的节日中，情人节我们不会忘记，母亲节也容易想起，但，你知道父亲节吗？

好像父亲的角色理所当然地属于战斗和工作，这就是他们当之无愧的形象，这就是他们与生俱来的职责。就像新鲜的水果与各种花哨的零食，父亲们也坚定地认为，这些都是用来慰问女人和哄骗孩子的。

先前，我也一样，十分不在意父亲节，或者难以细心想起，或者羞愧于男子汉的矫情。现在，我觉得凡事应该平等，父亲的付出同样不容忽视，我要表达，我要亲口告诉爸爸我的感激，我一样很爱很爱他。

明天就是父亲节，我要回家。于是，我匆忙地拿起电话，手，竟不经意地开始抖。

电话接通，我通常就是那几句刻板的寒暄，而听筒的另一端自然就传出父亲那些熟悉的声音："工作累不累啊？不能太拼，注意身体。不要总是熬夜，也不能没事就睡懒觉。到时吃饭，定点休息，早起参加锻炼，养成良好习惯……你看，又咳嗽，告诉你少抽烟，不能喝大酒……"

仔细听着，内心温暖着，其实，无关具体内容，单纯到只要听着那些熟悉的声音就行，因为若在往常，我早就没耐心地挂断，让那反复无聊的唠叨远在千里之外就随风飘散。

"今天休息吗？怎么有时间打电话回来？是不是有什么事情？"

"哦，没事，真的没事。只是……我想……"这样的语无伦次、支支吾吾，竟然完全由于心里想到要不要现在亲口说出"父亲节快乐"这样的祝福。

"什么只是？你想什么？"老爸从我不自然的支吾中感到可能有什么掩藏的事情。他的语音突然提高，显得有些着急。

"不是，爸。我想说，明天是父亲节。"

"父亲还有节？又是那些洋人的玩意儿吧？咱这儿比不得县城，并且毕竟你们年轻，我们哪儿过得那个？"父亲平淡不屑。

"爸爸，不是的。父亲节是国际性的节日，全世界的父亲都要得到祝福。"我忙跟父亲解释。

"真的啊？当爸也能过节？这还真是新鲜。"

"嗯！我明儿就回去看你，还有我妈。"

"那好！啥节不节的，回来就好！"

第二天，我乘早班车赶赴家中。先是母亲出来了，接着父亲也郑重地出迎，我自觉不是凯旋的战士，也不是衣锦还乡，但毕竟很少回家，或者就是父母对我的看重。

父母早为我准备好了可口的饭菜，我们都很高兴，大家其乐融融。也许因为自小从来没料理过家务，一天下来，我里外地转悠，就是不知道该帮助具体做点什么，尤其是能为父亲出力的事情。最终熬到晚上了，忽然记起电视中的那则孝心广告，于是学着实行，打来一盆温热的水，要为父亲亲自洗脚。

父亲起初诧异，接着为难："能回来看看我们就挺好，不用非得洗什么脚。"但在我一再地坚持下，父亲最终同意了。

父亲刚五十几，可由于乡村的环境、简陋的饮食和缺乏保养，父亲的脚粗糙而皲裂。脱下袜子的那一刻，我的心里有强劲的酸楚心疼："爸，你也不能老是嘱咐我，你也得注意身体，尤其增加营养。别老是舍不得吃舍不得花的，该买该用的一定别心疼。你和我妈身子骨硬朗、健康、没病没灾，这比啥都强！"我突然情绪喷发，一边用手不停地为父亲洗脚，一边不住嘴地继续唠叨，这次反倒是换成了父亲的沉默不语。我没忘记不时地往脚盆中续进热水，唯恐父亲着凉。也许是经历着温情的浸泡，我相信，父亲的心底一定格外滋润享受，父亲今晚的睡眠也一定格外香甜。

同样的，在那个夜里，我自己也睡得格外香甜，我甚至做了非常幸福甜蜜的美梦。梦中，父母亲像年轻人一样手拉着手，尽情地唱啊跳啊，欢乐地相视、说笑，临了，还听父亲冲母亲大声地喊着："我们的孩子长大了！我们的孩子多懂事啊！"情绪兴奋骄傲，好像强忍不住的激动，他们想相互转告，他们更想广布世界，仅仅因为他们的儿子，在他们辛苦养育了二十几年后的某年父亲节里，给自己的父亲洗了一次脚。

都说女人是水做，都说女人柔弱，但

当一个小女子变身为一位母亲

她突然的伟大与强悍

会让最自以为是的所谓英雄与勇士震惊

为了护佑她的爱子

她敢于以一己之力顽强对抗这世界最凶残的恶敌

母爱博大，母爱顽强，母爱精深，母爱刻骨

对亲人它柔情似水，对仇敌它激烈冰凉

归还的拐杖

那时候，父亲一年到头大都在海上奔波，所有的农活和家务几乎都压在母亲一个人的肩上。在我的眼里，母亲是严厉和苛刻的人。

在上小学五年级的一天，我和另外几个调皮的同学，偷偷钻进校园后面的木匠铺里玩耍。不慎，我被一枚钉在木板上的铁钉扎伤了左脚。当我忍痛将那一枚深深嵌入脚掌中的铁钉拔出来时，鲜红的血水立时染红了我的鞋袜。

一个同学慌张地去报告老师，然后，及时赶来的老师用自行车驮着我到卫生所做了简单的消毒和包扎，又把我送回家中。母亲看到我受伤的脚掌之后，心疼地落下了眼泪。她一边数落着我，一边在房里翻找药草，准备给我的伤口做药熏。母亲是担心我的伤口留下"摘根"（毒气郁积在伤口内形成的肉钉）影响走路。而做过药熏之后，便可以杜绝留下这一后遗症的可能。

土方里的药草大都可以在药铺和田间地头寻到，唯有一味叫"芭篓草"的在药铺里买不到，而且在冬季的田野里极其难寻。它们大都在春天开花，一入秋便枯萎了，再加上秋种时的烧荒，枯萎的茎秆儿也大都随火而逝。母亲并没有灰心，她带着工具，凭着记忆来到那些曾生长过苞篓草的沟坎旁，用工具将厚厚的积雪拨开，一点一点地寻找。母亲用了两天的时间，才寻够了那一味药草所需的分量，然后，她用冻得红肿的手为我熬药，熏洗伤口。

因为伤口扎得深，在愈合后的很长一段时间里，我的脚掌仍不敢落地走路。每次下床，母亲总要俯下身子背我。有一天，我对母亲说："妈妈，您给我做一根拐杖吧。"

母亲听了却笑着回答："俺不就是你的拐杖？"眼泪止不住地从我的眼睛里涌出来。

这些事情，一晃已过去二十多年了，但母亲俯身背我的情景却至今历历在目。

在我结婚后的第四个年头上，积劳成疾的母亲突发中风。住了一个月的院，母亲的病情才有所好转。每天，我都会和父亲一起搀扶着母亲下地活动。为了减轻父亲的负担，我跟妻子偷偷商量，让她暂时辞掉工作，在家里照顾母亲和孩子，而对于当时辞职的理由，我俩至今都还隐瞒着父母。我当时是在一家外资企业里做技术员，每天除了紧张地工作，我便拼命地写稿，四处投寄，用微薄的稿费收入贴补家用。

以前，我没有外出散步的习惯，但是为了母亲的身体早日恢复，我现在经常要搀扶着母亲到外面去走走。这样，经过半年多的辅助治疗和长期坚持锻炼，母亲基本能够自己走路了。

这天傍晚，母亲外出散步还未回来，天色却突然阴沉起来。妻子着急地对我说："你赶快给妈送伞去，别让她被雨淋着！"

　　我立即拿起雨伞，骑上自行车朝母亲经常散步的马路飞去。当我把雨伞撑在母亲的头顶上时，雨点噼里啪啦地落下来了。我一只手打着伞，一只手推着自行车。雨，越来越大了。

　　回到家里，母亲发现我被雨水淋透了，她有些内疚地说："你看你都湿成啥样子了？这都怪俺腿脚不利索，以后俺就少出去走……"

　　妻子听了在一旁笑道："这算啥呀，就当他是做了一次天然浴嘛！妈，您每天的锻炼是必须坚持的。"

　　我则由此回想起了从前的那一幕，意味深长地说："妈，您还记得从前对我说的那句话吗？您说您就是我的拐杖！而现在，我们就该是您的拐杖了呀！所有的事情都是我们身为晚辈应该做的。"

　　母亲的脸上溢出一抹欣慰的笑容，她大概能够理解，我们的这份孝心理应是她该得的。

　　是啊，从我们呱呱坠地开始，我们的手中就已经握住了一根无形的"拐杖"，那就是父母对我们长久的关爱和牵挂，我们在这无微不至的爱的呵护下，一点一点地长大，直到成家立业。现在，父母老了，他们的生活起居同样需要照料，我们应该把从前的"拐杖"返还给父母，让他们都能够在爱的搀扶下，走过一段温暖、甜美的晚年生活！

无论经历多少风雨

优良的传统世代传承

父亲的刚正耿直，母亲的善良朴素

不畏艰难、含辛茹苦

身体力行、奉献牺牲

我们的优秀，来自你们榜样的带动

独家对话

"你在家吃饱睡好，听你二姐的话，不要让我操心……嗯，亲一个啦，拜拜。""哟，和你朋友好甜蜜哟！"哈哈！拜托，那是俺老爸！啊？！

不要怀疑，这只是我们父女之间一个很平常的电话。

记得有谁写过一篇文章，说写信才是最好的感情联络方式，而电话只是懒人的便利工具。谬论！电话让我们家其乐无穷，我真要感谢那个发明电话的人了。

"喂，你好，我找×××。"刚上大学往家里打电话找弟弟，我突发奇想地用普通话蒙我老爸。"嗯，他现在不在家，你是谁啊？"老爸居然用不标准的普通话回答。"我是他同学，他什么时候回来呀？""啊，那个……""哈哈哈哈……"不等老爸紧张完，我已经笑喷了。

事后当然少不了他的一顿臭骂，外加要揍我的威胁，但我也自此悟出一个道理：电话里我大可以放肆，就算他生气了也打不到我，鞭长莫及嘛！一切就从这里开始吧。

当然了，放肆是有前提的。前提就是我们家开放民主的风气以及我和老爸老妈感情的友好融洽。我们都是好朋友呢，就算有上下级之分，强调主权的威慑力，但基本上没有生硬的风险。代沟？那是别人家的事情啦！

"喂，你是谁啊？"上了几次当的老爸显然不甘心，看来是要反击了。"啊，俺是你二姐的老公的老婆的老公的闺女呀！"兵来将挡，水来土掩，老爸注定要落我半招。"你呀……"在他准备开心地臭骂我一通之前，我都会把手机拿开距离耳朵一米远。

老妈大老爸一岁，在家排行老二，所以被尊称为老爸他二姐。虽然老爸很不乐意，但通过全体表决，少数服从多数，他抗议无效，被当众驳回，维持原判。

我们家姐弟三个，最终是圆了奶奶抱孙子的梦想，可是也造成了严重的后果：三个大学生一年要花好费几万啊！这对于一个农村家庭来说实在不是个小数目。几年下来老爸老妈都黑瘦了一圈，鬓角也白了。我有时候看着心疼却故意说狠话："是你们自己找罪受的吧？要那么多孩子干吗？就我一个多好啊！""嗯，我也这么觉得，那把你弟弟妹妹都掐死啊？""好啊！""好啊，你好狠的心啊，我先掐死你算了！""啊，救命啊！老妈，你老公要谋杀亲女啦，你管不管哪？"稀里哗啦……老爸上来就比画着要掐我的脖子，我仓皇逃窜了。

今年，随着弟弟的毕业和找到工作，他们总算脱离苦海了。可刚松一口气，又要开始操心我的终身大事。唉，可怜天下父母心啊！不知道何时起谈话里又多了这个内容，真让人头疼！

老爸总是语重心长地说："什么时候你有了自己的小家庭，我就放心了！到时候去找你也有住的地儿，还能给你哄小孩呢！""打住，想抱孙子找你儿子去！"老妈则是旁敲侧击，举例论证："那个小兰你还记得吧？找了个好女婿呢，天天被捧在手心里；还有那个小敏，最近要去外地工作了，男朋友家帮忙安排的！人家是政府部门的司机，很不错的一个男孩哦！""你是不是不想要我了？这么急着往外撵？""嘿嘿！哪里！倒是还想多要个女婿。""想女婿了？好啊，明天我就给你带家一个！""真的啊？""嗯。羡慕司机是吧？好，明天我就上街溜达，看哪个出租车司机单身就给你领回家来，这样成吧？""臭丫头，你是耳朵痒了还是皮又紧了？"

……

我们家就是这样，看似不着调的对话中其实蕴涵着浓浓的真情。

一句爸爸，他的名字里包含了强劲的力量

包含了坚定与顽强

爸爸的身上还有什么呢

什么才是爸爸的味道

嗯，会有浓烈的烟草味

会有酒气，会有坚硬的胡茬

会有宽厚的胸膛，刚毅的肩膀

会有粗糙的老茧，会有鼾声和沉默的威严

然而，纵使你如此强大

纵使你金刚怒目，纵使你全身披挂冰冷的铁甲

可对于你爱护的儿女

一样有细致的柔肠

一样有款款深情的柔软表达

爸爸的味道

当爸爸从生命的边缘游弋回来，我突然意识到：爸爸对于我来说，不只是一个人，更是一种味道，只要闻到爸爸味儿，就感觉什么都会好，才可以放心地睡着。

（一）坏老头儿

凌晨，似在梦中，又似在雾里，手机响个不停，我终于从雾里走出来，辨明了这不是梦，挣扎着从枕头底下摸出手机。姐夫一字一字地在那头儿说："冷霞，告诉你一件事儿，你别着急……"

还在迷糊中，我问："告诉我一件事儿？噢……"

姐夫继续说："你爸病了，是心脏病……"

头上好像套了个箍，越收越紧，没有意识也没有思考，头皮麻酥酥的。姐夫好像还在说着，好像也在应着，记不得了，挂了电话，只想睡觉，赶紧睡着，结束这个梦。

不知过了多久，忽地坐了起来，我完全清醒了，赶紧给妈打电话，妈说："放心吧，你爸没事儿了，刚喝了碗绿豆粥呢。"

"我爸呢？找他接电话！"

"他刚又睡了，让他睡吧。真的没事儿了，你放心吧。"

"我爸怎么了？跟我说实话！"

"心肌梗死，昨晚11点多发病，及时送医院，现在已经脱离危险期了，放心吧。"

······

眼泪一下子流了出来，瞬间把我的脸划得不成样子。

我赶紧买票，进站，上车，呆呆的，没有思维。坏老头儿！坏老头儿！这个坏老头儿！不好好儿的，净来吓唬人！

终于到家了，远远地看见哥哥和姐夫，分坐在病房楼下的台阶上抽烟，他们的神色全然没有什么特别的异样，这不禁使我一直提到嗓子眼儿的心落回到原处。

（二）无尽感谢

爸爸极怕打针。妈是护士，小时候看着妈妈举着针满屋追着爸爸打疫苗，我们就在边上起哄。

现在，爸爸老实地躺在急救室的床上，一只手上打着吊瓶，另一只手绑着血压带，鼻子上插着氧气管，头顶上有显示屏，睡着了，神情有些憔悴。

抓起爸的手，放在脸上，我很心疼，鼻子要酸。哥推了推我，不许我掉眼泪。

爸睡觉一直很轻，就连拖着这重病的身体也没能有所改观，或者更是心里的那份惦记，他微微睁开眼睛看我，脸上浮起笑意："怎么回来了？"

"回来检查检查工作，看看你表现怎么样。"

就是这样一个简单的对视，一声互问，爸显得十分疲倦，很累，又睡了。

坐在爸爸身边，闻到爸爸身上的味道，我的心里充满了踏实的感激：

感谢天、感谢地、感谢……

感谢你们，安排我做这个坏老头儿的女儿；感谢你们，让我能高高兴兴地跟这个坏老头儿一起看明天的太阳；感谢你们，让我闻着这个坏老头儿的味儿。

对，爸爸味儿。

（三）童年记忆

1．"后山偶遇"

七岁的哥问："这是谁呀？"妈说："你妹妹！"哥问："她肚子怎么破了？"妈说："你爸从后山上刨的，不小心把肚子给碰破了。"哥急了："干吗刨呀，怎么不拿铁锨铲？"

就这样，我在后山偶遇33岁的冷恒业，也就是我爸，因为他当时的一不小心，我肚子上留了个肚脐眼儿。

刚遇到我爸时，我什么都看不到，虽然看不到他的脸，可一下就认识了他，因为他身上的味道——有点儿烟味儿，有点儿汗味儿，还有点儿油泥味儿，混在了一起，变成了一种特殊的味道。我可以在众多味道里找出他，只要闻到这股味道，我就可以踏踏实实地吃喝，安安稳稳地睡觉。

妈是护士，身上有特殊的来苏水味儿，但那时她要三班倒，我不常闻到她的味道，是爸爸的味道常陪着我玩儿，哄着我睡。

爸爸是小眼睛、单眼皮，我是大眼睛、双眼皮；爸爸的下面牙齿有两颗是挤在一起长的，我的牙齿规矩整齐，只是有点儿地包天。哪儿都对不上！唉，摸着肚脐眼儿，小小的我很烦恼：哪儿都好，如果我是他们的亲生女儿就更好了。也许，我另外还有个爸爸，不知哪天，会来认我。那怎么办呢？不知道他的身上会有什么味儿……

2. 离家出走

六岁那年正月，那雪可真叫大啊！

本来，正月里有好吃的，心情极佳，吃饭时哥和姐又提起了后山的事儿："你不是爸妈亲生的，我们才是爸妈亲生的！""我也是！""你不是！你是爸在后山刨的！你看你肚子上有肚脐眼儿！""你们肚子上也有，爸妈肚子上也有！都有！"

"爸妈怕你知道，就让我们都挖了个肚脐眼儿，不信，你看看，我们的肚脐眼儿浅，你的深！就因为你是刨出来的！"

这事儿真让人难受。

我问爸妈："真的吗？"他们笑，他们竟然笑！我都这么难受了，他们竟然笑！他们真的不是我亲爸妈！扔下碗筷，我决定离家出走，去找那可能有，也可能没有的亲爸妈。连棉袄都没穿，我抹了抹眼泪就走了。

雪太深了，我在门口顺手拿了根小竹竿，边走边哭。爸妈哥姐跟在后面，像是集体欢送，并且，竟都笑得要喘不上气了，只有我一个人呜呜地哭。

实在匆忙，应该穿上棉袄的，因为，太冷了！

爸追上来，想把我抱起来。都不是我爸了，我干吗让他抱？我又踢又踹。爸说："听他们胡说，你不是爸的老闺女吗？爸回去打他们！"

"还得打我妈，她也笑！"

"好！都打！"

"使劲儿打！"

"好，使劲打！"

"打肿了他们！"

"好！让他们再敢来气我老闺女！"

裹在爸的衣服里，真暖和，搂着爸的脖子，闻着熟悉的味道，我不想哭了。可我心里还是犹疑着自己的来历。

第一次离家出走，历时——足足五分钟，离家门——近十米的距离。

3. 名目繁多

依仗着是老小儿，我没事就能腻在老爸温暖的怀里。

也许正是这一特殊的待遇，对于长大了的哥哥姐姐具有无上的杀伤力，因此，总能惹得他们一致的嫉妒和公开的攻击：

"嘿！马屁精！""狗特务！""三多余！"

"爸！你看他们。多难听……"

"别理他们，一会儿宽他们皮……"

"现在！现在就收拾他们！"

主动找来扫炕用的笤帚，塞在爸手里，拽他到哥姐面前，得意地逃在一边看着。

接着，我又多了个外号：告状精！

为了这些难听的外号，我很苦恼，坐在爸腿上，搂着爸的腰，脸贴在爸的肚皮上，闻着爸爸身上的好闻味儿，跟他探讨关于名字的问题："为什么我哥我姐就不给我起个好听的名字？像草莓、樱桃儿、橘子、冰棍儿都行，非这个精，那个精的。"爸前后地摇啊摇，真舒服，像坐在摇椅上。"老闺女呀，咱不理他们，啊！""为什么我叫冷霞呀？""因为你是我老闺女，所以，姓冷，也是寒冷的冷；你妈生你的时候，是早晨6点，那时候，天刚亮，朝霞可漂亮了，就给你取名霞。大名儿呢，就叫冷霞，小名呢，就叫小霞。"

"嗯？我妈生的我？我不是你从后山刨的吗？""小孩子刚生下来肚子上有根脐带，必须要剪断脐带，然后用纱布包上。你妈刚生完你，你哥看到你肚子上包的纱布就问你的肚子怎么破了，你妈就骗他说：'你爸从后山上刨的，不小心把肚子给碰破了。'你哥和你姐那时候小呀，就信以为真了。""噢，真的吗？""真的，爸什么时候骗过你？""那，为什么你们的肚脐眼浅，我的深？"

爸笑。也许吧，也许真的是他们生的？也许还是在后山刨的？哎呀，都行，只要爸爸抱着我就行，即使再有个亲爸爸也不跟他走，谁身上能有我爸这么好闻的味儿呀。

……

"咳……"爸爸轻咳了几声，然后又睡去了，毕竟一把年纪，毕竟尚处病中，虚弱的身体需要恢复。

此刻，我静静地坐在爸爸床边。爸爸早已经抱不动、背不动我，他从帅小伙儿变成了胖老头儿。因为戒烟，他的身上少了点儿烟味儿，现在还掺混了一些讨厌的消毒水的味道。还好，只要闻到爸爸味儿，就什么都好。

爸爸顺利地做了手术，身体恢复得很好，现在已经出院，身上也消除了那些讨厌的消毒水味儿。爸爸的味儿又恢复了，闻着爸爸味儿，我感到无限安心。

为什么你没生我，而要妈妈生

为什么你不喂我吃奶

这都是谁规定的分工

那么，陪我玩呢，哄我开心呢

嗯，是的

你可不能给我唱摇篮曲

那么难听，谁能安稳睡觉啊

还有，总是笨手笨脚

总是把我弄疼

唉，如果不是妈妈要你

你可怎么办呀

不让你孤单

秋天到了，树上的叶子变得金黄，随着秋风在空中飞舞。每年此时，就迎来了爸爸的生日。不过今年很特别，是爸爸的六十大寿，我们全家照例给爸爸过生日。在饭桌上，爸爸举起酒杯对着全家说："来，为我能光荣退休，干杯！"

爸爸忙碌了一辈子，终于退休回家了。我和妹妹都说："忙了大半辈子，这下，你可以好好在家休息了。"爸爸也高兴地说："是呀，是呀，我可要在家修身养性了。总算有时间啰！"我和妹妹满怀期待，等待着爸爸充分展现他精彩的退休生活。

可是没过多久，妈妈打电话来，唉声叹气地说："大事不好啊，你们快回来看看你爸，最近他老是无缘无故地发脾气⋯⋯"我不以为然地说："他脾气就是那样，原来也总是对人凶啊。没事的！""可是，这回好像有点不同⋯⋯"妈妈继续说。"妈，别疑神疑鬼的，爸爸现在退休在家，享受天伦之乐，还能有什么事呢！我忙去了⋯⋯"没等妈妈再说什么，我已经挂掉了电话。

过了一个礼拜，回家看他们，我惊奇地发现爸爸好像老了很多，面色蜡黄，无精打采。"爸，你这是怎么了？也就十几天没见，你怎么变成这样了？""哎，人老了，不中用了……""怎么这样说？你不是说退休在家要好好休息吗？""如果不是老了，怎么会退休在家呢？老了就没人需要了啊！""爸……"我不知道劝了爸爸多久，他终于面露一丝微笑："好了，我没事的，只是退休回家有点不习惯。你们放心忙自己的事去吧。"

可是事情并不像我想象的那样简单，没过多久，妈妈又打来电话："你爸爸病了，老毛病反复发作，医生说要住院……"我听了，急忙赶回家，安排爸爸住院，联系医生给爸爸会诊。医生对我说："你爸爸退休回家，和原来的生活作息完全不同了。思想上突然松懈了，老人家又想得多，情绪波动大，心脑血管的毛病很容易发作。"这时我才明白，都怪我太大意，其实爸爸早就有发病的迹象呀！怎么办？得让爸爸老有所为，让他知道虽然退休回家，但是大家都需要他，他仍然可以贡献自己的余热啊！

爸爸痊愈回家了。一天，我无意间说："小朵特别喜欢吃包子、馒头，可是在外面买的可真让人不放心。"爸爸接过话茬："对了，我会做馒头啊。今天我多做些，你带回去给我的外孙女吃。"说干就干，爸爸买来面粉，发面、揉面，包包子、蒸馒头，忙得不亦乐乎，脸上的笑容使他显得那么健壮年轻。看着爸爸忙碌的背影，我灵机一动，对了，我有主意了！

从那以后，我会经常打电话回家给爸爸布置任务。今天要他蒸馒头，明天要他包包子；还不忘记提出很多要求，今天的包子要肉馅的，馒头要甜的，明天呢，包子要三鲜，馒头要夹葡萄干……还美其名曰"是外孙女要的"，更不会忘记赞美，小朵一口气吃了三个……爸爸似乎更忙了，每天研究面食的做法。

这时我想，只找他要包子、馒头，时间长了，他厌倦了怎么办？对，爸爸不是爱养花吗？一天，我对爸爸说："爸，我家里阳台上空空的，要是能有几盆花装点一下就好了。你帮我规划规划吧！"爸爸一听就来劲了，开始絮叨起来："你们呀，工作忙，不能养那些娇嫩太名贵的花草，芦荟好养活，剑兰也好侍弄，还有茉莉……"不知不觉，我给爸爸布置了好多任务："爸，那我就交给你了，你赶快给我种好，我来搬回去。"

等我家阳台上繁花盛开时，爸爸的精神状态已经大有好转了。他每天精神抖擞，忙着做包子、馒头，忙着培育花草，还经常到我家照看那些被我索要回去的花儿。我也故意装着不懂，经常一个电话打回家："爸，你快来看看我那盆茉莉怎么了，叶子打卷了……""你别动，我马上来给它'会诊'！"我暗自偷笑，只要老爷子忙着就好。

我找他要这些还不够，还要让爸爸感受到大家对他的充分肯定。"爸，我同学到我家来吃了你做的馒头，说是到了专业水准，她也想找你帮她做一些呢！给她的宝宝吃。"

"没问题，过几天来拿！""爸，我同事到我家来，看见我家的阳台像花园，羡慕得不得了。她想找你要一盆芦荟，回家做美容。""叫她马上来拿吧，我有好几盆呢！"……

随着爸爸的美名远扬，他似乎又回到了上班那会儿，每天精神饱满，走路生风，笑容满面。我的一颗悬着的心总算落下来了。

退休在家休养是人们不可避免的规律，并不完全意味着生命的衰老。

凡是经历这一过程的父辈，在生理和心理上一定有着巨大的变化。面对自己的迟暮，想到自己人生的价值无从体现，这种似乎被社会遗弃的感觉会使人倍加失落。心理落差会使老人失去最宝贵的东西——健康。此时，我们要及时地发现他们的变化，像呵护孩子一般去安慰他们，和他们携手度过这一关口。

当你尚且年幼，遭遇困难的时候

父亲的手臂强壮温暖

经年后，父亲的身躯已现佝偻

你的搀扶使老父泪眼迷离

孩子！往前走，不用回头

我真的没想拖累你

儿时，你曾把全部的身体放进父亲怀里

如今，你可能够揽紧老父的肩膀

朝阳升起，夕阳落下

深夜，是否有一盏灯

照亮一个家，一对父子

温馨的爷俩

上门还债

记得小时候，伴随父亲身边的有一个神奇的宝贝，一台话匣子，也就是一台半导体收音机，那还是爷爷给父亲留下的遗物。我们那时的家境自不必说，家里唯一的家用电器就是它了，一台话匣子也确实给我们带来了无限的欢乐。

有时，父亲干活累了，就会自己躺在床上，耳边放着它，眯着眼，把音量调得低一些，静静地在那里听着节目，还不时地发出阵阵的笑声；我们几个姐弟一有空闲，也都争着过来，父亲笑眯眯地看着我们，然后把话匣子的声音一点点地调大。

儿时的快乐就这样被父亲的话匣子随时牵引，缩小或放大。

后来，姐弟们陆续长大了，参加了工作，也陆续有了自己的家，就再也难得回来团聚了，父母的家里便少有了从前的嬉笑热闹。至于那个祖传家宝古董般老旧的话匣子，只是偶尔还会传出几声抑扬顿挫的戏曲腔调，落在父亲的听觉里也远没有曾经的味道。

后来，大姐为父母买回一台黑白电视机，在那个物质文化全面贫瘠的年代里，这就是最先进的科技产品，太多的人家还没有普及。电视的突变与强大冲击力，给父亲带来的新奇诱惑和迷恋自然远超了那个话匣子。最开始时，父亲总是心存疑惑地围绕着这个比话匣子更大的家伙转来转去，感觉这里面居然能出"小人儿"，真是了不起的神奇。随之便是感叹现代的社会好啊，不比早年的皇上待遇低！听在我们的耳朵里，却总是怪怪的。

可是时间一长，我发现父亲并没有看电视的习惯，偶尔有些农村节目，他和母亲围坐在一起看看，更多的是把电视闲置在那里。

我是家中的老幺儿，当我也结婚成家时，就为父亲又买了一台彩电，只是这种感官上的新鲜刺激并没有给父亲带来更多的愉悦。我把电视搬到家里的那天，姐姐和哥哥也都约好从远方赶回来看望父母。父亲少有的高兴，那天，全家人围坐在一起，边吃边兴高采烈地看着电视。

父亲还故意给我们露一手，他说这种彩电他也会弄。我们不信，当他吹牛，因为按理父亲根本没机会鼓捣懂这玩意儿。还真别说，我们真是小瞧了父亲。只见父亲把刚装上的电视，从色彩、亮度对比、饱和等，调理得井然有序，令我们都惊叹不已。想不到父亲居然无师自通，还有这两下子。父亲看着我们的表情，得意极了，高兴的劲头使他不断主动举杯，频繁劝酒，自然就喝得有些多了。

这时母亲才偷偷地告诉我，原来邻居家前几天刚买了一台彩电，父亲是在人家那里学会的。我望向父亲，他已经斜倚着墙酣然睡去，因酒精而微红的脸上依旧挂满笑意。

后来，由于工作都在外地的关系，兄弟姐妹很少回家，我虽然稍微近些也只是偶尔回去几次。最近一次回去，发现父亲看电视靠得非常近，而且声音开得很大。再看父亲，他真的老了，那种漠然而迟缓、刻板的表情如同苍凉的石雕一般。母亲说父亲的耳朵背了，自己一个人看电视，声音也总是调得老大，要他小声一点，他就生气说听不清，或者干脆不看。有时还冲着里面的画面直喊我们的名字："孩子！都忙啥呢？咋不回来看看……"

于是，我写信给身在远方的兄弟姐妹，告诉他们："年迈的父亲耳朵不好使了，看着电视时常发呆……"不知是我没有表达清楚还是他们没能读懂，他们有的给父亲寄来助听器，有的给父亲邮来治疗耳朵的中药，还有的委婉地询问父亲是不是进入老年痴呆了……

自然，父亲既没有吃药，也没有戴上助听器，他更加深重漠然地整日呆坐着，死盯着电视画面，无论有声无声，木然的神色中仿佛深入到更加遥远的世界。我知道，我不必再给外面的兄弟姐妹写信述说什么了，也不必要求他们往家里给父母寄回什么。我决定搬回来与父母同住，在这样的年纪里，他们需要我的陪伴，这也本该是我今生急需偿还的债务。

去吧！不要迟疑，用具体的行动

最真切地表达出我们对父母的感激

用不着精心周密地策划

更用不着隆重得翻天覆地

回想当年，我们的父母

他们是如何把爱渗入到每一天的行动中

一个关爱祝福的眼神，一句叮咛的话语

一个温暖的拥抱，或者只是

抻抻你的衣襟，微笑着送你远去

真情的表达无须彩排

它那么朴实自然，没有技巧传授

不要酝酿，不要再等，不要感觉一切都还来得及

来得及？时间和命运

什么时候掌握在你们手里

去吧！不要迟疑

母亲的非常教育

我的家庭教育从小就很严厉。即便是在家，母亲也从不允许我撒娇，她认为那样会惯坏孩子；也不允许我和父母开玩笑，她觉得那是一种不尊重；她也很少表扬孩子，她感觉那样会让孩子产生骄傲情绪……总之，我感觉自己就是缺少人疼爱。看着别人家的孩子那般活泼喜悦，和父母如胶似漆地亲密，我只能默默地投去羡慕的目光，有时我甚至会想：我到底是不是母亲亲生的孩子呢？

当我的年龄进入青春期，当我情窦初开的时候，周围的男生也有不少对我表示好感。我既兴奋又烦恼，可是却不知道该去和谁诉说，谁能告诉我应该怎么做？我没有想过和母亲谈心，因为我知道她必然会大惊小怪，并且只会告诉我要"好好学习"。我通常只选择老实地待在自己的房间里，但妈妈哪里知道我到半夜12点都还没睡？并不是因为在看书学习，而是在镜子前面试换各种各样的衣服，精心地打扮着自己。

再后来，我真的恋爱了！我义无反顾地投入其中，母亲和我的战争也就此展开，并频频爆发。

远在山东服役当兵的哥哥，给我寄来了一封信，信上说，如果母亲因为"我的事情"有个三长两短，他定不会饶了我。我对母亲求助于哥哥的做法根本不屑一顾，而且越发嚣张，不顾一切地和她叫板，对着干。现在回想起来，也许那就是对于得不到关爱的一种放肆的寻衅滋事，是在发泄控诉，也是在埋怨报复。

我要读高中了！读高中要住校，要进县城。临行前我和"男朋友"郑重告别，我哭得涕泪横飞昏天黑地，包含了我对于这片熟悉家园以及亲情的全部埋怨、依恋、痛恨与不舍。我不知道那叫不叫爱情，正值懵懂，纯洁美好，值得珍惜。从此以后，我的目标是"大学"，而他念完中学就要回家务农，我们的关系也许很难继续了。

正当我哭得一塌糊涂，母亲竟也找到了我们约会的地点，她站在我们面前严厉教训着："刚多大？搞什么对象啊？"又进一步面对他："你要是真对她好，就不要耽误她的学习和前途！"就这样，经她这么狠命地一批，算是彻底地斩断了我们的这段感情。我对母亲，也真是爱恨交织。

去县城念高中，这也意味着我们一家四口，将从此分别各居一地了。

在我就要走的那天清晨，母亲很早起床给我做饭。我当时想着即将开始新的生活，虽然闭着眼睛，但我早已睡意全消。正这时，我忽然感觉母亲就站在我的床头，而且亲近地将她的脸贴到我的头上……我的心里急促而慌乱，那紧张的羞涩与接受表达的艰难，绝不亚于我所经历的初恋。因为在我成长的记忆里，这是母亲第一次和我如此亲密地接触。我依然闭着眼睛假装睡觉，因为来得太突然，我不知道该如何回应。也许，母亲只有在最关键的节点才会流露出心底的柔软，而且只能借助我浑然不知的睡眠才能顺利表现？我也只能用假寐来回避直面的尴尬。当然，既然是这样小心地掩盖暗中地表达，我除了可以继续无知、不感动，还可以生硬地拒绝接受。

离开母亲，我的心情无限轻松甚至兴高采烈，可当我坐到车上，看到她一个人孤零零地站在路边，随着车子的启动，渐行渐远，母亲逐渐消失的身影和距离，才慢慢在我的心里强行撕裂出一丝淡淡的泪痕——毕竟家里只剩她一个人了。

念完高中，我又上了大学，之后就在外地落户，参加了工作。这些年，母亲一直一个人在家里支撑着。父亲也曾多次表示要放弃外地的工作，回家陪她，但她却总是说还能坚持。农村的家庭收入毕竟太有限了，而父亲在外工作，终归还是能多挣些钱，如果让父亲回来，除了减少收入，还担心给儿女增加负担。多少次的劝说，母亲就是不听，就这样，她一个人坚持着，一晃就是六七年。正是她坚守着那个家，更是守护了身在外地的儿女平安。

后来我结婚了，有一次回老家，晚上家里只剩下我和母亲，我们俩躺在炕上有一搭没一搭地闲聊着家常。一小段沉默之后，母亲飞快地凑过来亲了我一下。我毫无准备，还没有反应过来，母亲已经躺回去了。我被这突如其来的意外怔在那里，依然傻傻地不知道该怎么样好，眼睛直勾勾地紧盯着房梁，脑袋里则是一片空白……还是母亲先缓过来，慢悠悠地说："就我一个人在家，不知咋的，有时候吧，也说不上你搁哪儿冒出来招呼，总听见你叫我'妈，妈，妈……'"

天哪！是真实的描述，还是她心底掩藏不住的想法？母亲竟然能说出这样温柔的话！我的眼泪瞬间决堤。妈说我在老屋？妈说我在叫她？这分明是说我在她心里，说我一直都在陪她！

不久，母亲病了，半身不遂，当我听到这个不幸消息的时候，闪现在我头脑里的第一个念头，就是那几次我的毫无回应，我麻木冷漠迟钝的表达。我甚至开始感到害怕，她还能有机会接受我的回应吗？我还能有时间弥补吗？我心急火燎地请假，买票，坐车，回家。打开大门，院子中间，就坐着母亲。她的身上就穿着我刚给她寄回来的新衣，她知道我要回来，她正等我。多么好的机遇，又是只有单独的我们俩，只要情绪一激动，便能奋不顾身地几步冲过去，跨越那道艰难的门槛，冲毁那道无形的心理障碍。然而，该死的！我又是重复着从前，又是从前习惯性的老样子，仿佛在表演着社交礼仪——僵硬的微笑，简单的寒暄……

母亲的腿脚已经不灵活了，她的行为严重受阻，头脑的中枢神经因遭遇压迫，致使她的语言功能也表达不畅。从前那个刚强冷硬异常严厉的母亲，正在我的眼前被无情的时间和严重的疾病不断地蚕食摧毁。我虽无力遏止时间或者阻断疾病，但我总应该有能力表达亲情，哪怕只是最普通的招呼，哪怕只是把手放在她的身上，或者随意地轻拢她头顶日渐稀疏的头发。我知道她期待我的亲近，需要我的触摸，希望我们能像正常的母女自然地亲热。

我开始积极强化自己，认真地搜寻拜读一些有关心理知识的图书，钻研和接受心理咨询和培训。所有的付出与积极的努力，都是为了修复我的人格缺陷，期盼在自我的修复完善后，有机会和能力去弥补我与家人，尤其与母亲关系的不完整。

工作虽然繁重匆忙，但熟悉和掌握心理学的知识，确实让我受益匪浅。现在，我不光可以理解和接受母亲，消除长期相伴的沉疴、心理隔阂与芥蒂，而且发自内心的感觉自我的虚弱渺小以及惭愧。因为，相对而言，单就母亲的文化见识与生长环境，她的人格发展与不足，是旧有的年代、偏僻的乡村、封建传统与家族的训诫造成的，她的严重缺陷几近成为一个时代的悲剧。她更是一个受害者，本应宽待原谅，不能求全责备。可以说，她已经做得足够好，努力把可能的伤害降到了最低，更何况，她竟然先我一步，努力尝试过弥补和跨越，而我却没有适时地给予友善的回应。

又快到春节了！不必非等什么时机，觉悟了就着手去做，所谓良机不都靠等，时间与亲情或者孝敬，坐失不得。

今天下班，我就要先给家里打个电话，重要目的就是——要跟母亲热烈地唠上一会儿。

人生一世，草木一秋

假如生命有所目的

那么，什么是它的终极

你来了，走了，一无所获

或者，为你人生的平安顺遂感动窃喜

假如人生必为劫难

那你就在劫难逃

每一个挫折试炼

每一道沟坎

逃避是退化轮回

唯其面对，争取彼岸智慧

你的所有人生课题

都需由你亲自完成，无可代替

重　　生

（一）沉溺

　　记忆中，童年的乡村生活是自由快乐的，由于父亲承包了村里的窑场，我们家属于最先富起来的那一批人。母亲也很能干，无论家务还是农活儿都是一把好手。我则每天和一条街的小伙伴尽情玩耍，无拘无束。每到下午饿了，父亲总会牵着我的小手，带我去村里的供销社秤上一斤桃酥，先拿出一块给我吃着，剩下的再用黄油纸包起来系上纸绳，提回家慢慢享用。这样的待遇使得全村的小伙伴们都眼馋得直咽唾沫。那时我们家的生活境况，不单是衣食无忧，简直就是上流社会。家庭和睦幸福，父母脾气性子都好，脸上挂着和缓的笑容，对我宠爱有加，连一句重话也没说过。

　　天冷了，窑场烧完砖后废弃的炭渣，可以捡回家烧炉子取暖。这样，在冬天的某些午后，会看到这样一幅温馨的画面：一位母亲，肩挎一只粪箕子，里面美美地端坐着一个娇小的姑娘，走在去窑场的路上。

　　冬天，除了要在屋子里点起炭炉子，也要把房子窗户的缝隙用报纸刷上浆封好，没有了缝隙，房间才会更容易热乎保暖。母亲会和两位姐姐一起，一边随意地闲聊，一边认真地包着饺子，而这些比较正式的工作和正规的场合，根本就用不到我，我在跟前反倒打扰添乱了。通常是母亲做好提前安置，少少地揪下一块面团，然后佯装严厉地命令："去！一边玩去！"我就听话地接过拿好，去一边搓揉祸害那块面团玩。直到饺子煮熟后，我就被招呼过去负责吃。

有一次黄昏，母亲领着我一起去窑场看父亲，快到近前了，忽然传来清脆悠扬的笛声，我吃惊而略显疑惑地盯着母亲，她回答我的表情是喜悦与满足的微笑。是爸爸！真的意想不到，印象中一向沉默寡言的父亲，内心里竟然如此深情浪漫，这与他平常的外表一点不搭。多文艺啊！繁星满天，有夕阳晚照的缤纷霞光，父亲的剪影就定格在窑上……

那时候，我们家还住在原本破旧的泥巴屋里，正当经营着窑场，依仗有充足"砖力"资源，加上手里的适当积蓄，父母一致决定，首先改善居住环境，在村头盖一个气派的大瓦房。

当时正处夏日，每天晚饭之后，我家门口的老槐树下就会聚集一群乘凉的邻居，母亲也会把弹簧床搬出来放在那里，我会自在地躺在上面听大人们聊天，我们急切地盼望着新房子能够尽快盖好，可以满心幸福地搬进去。直到有一天我困得睡着了，第二天醒来，发现自己真的被搬到了新房子里。

（二）变故

生活真的无常，我们家的平安与幸福竟然很快消失结束。家中不仅是倾其所有盖了大房子，耗尽了资源，而且放纵举债，这要是有窑场作为坚强的后盾倒也无所谓，但是，屋漏偏遭连天雨，村里借由合同到期不再转续，强行收回了承包权。而这些对于我们家，居然还不算是最大的晴天霹雳，偏偏又是赶在了这个节骨眼上，镇上开始声势浩大地开展"建设美好新农村"运动，所有村民都必须在五年之内拆除现房，搬迁到公路两旁去住。拆迁对于别的人家来说丝毫也不受影响的，而我们家是刚刚盖好的新房，但是因为父亲在最初建房的事情上没有做好土地使用建房审批等相关基础手续，光顾着个人高兴大大咧咧地就盖了，结果新房属于违章建筑。这下彻底傻了眼了！

经历着如此飞来横祸般的彻底打击使父母仓皇无助，我们家刚刚建立起来的气派瓦房风云突变地逆转，瞬间成为全村人惊恐叹息更是揶揄嘲弄的天大笑柄……而在这样近乎残酷的巨大压迫之下，父母亲来不及喘息呻吟，除了要艰难维持家庭生计需要，还要为偿还债务加倍辛劳，他们来不及清醒，来不及适应，就被生活的重担和催逼挣扎前行，他们承受的精神压力，虽未被压垮、崩溃，但是他们变了，变得致使尚且年幼无知的我异常得恐惧害怕。

父母开始寻找各种各样的营生——屠宰、贩菜、承包大棚，但是非常不幸，他们继续延续自己的霉运，经营什么赔什么。债务越积越多，压力越来越重，父亲没有了轻松笑脸，再也没碰过那只神奇美妙的笛子，母亲也只有唉声叹气……

持续五年，家里的经济状况依旧没有任何的好转，父母决定到城里打工，而两位姐姐也相继辍学，分别找了一份工作以减轻家里的经济压力。唯有我年纪尚小，继续读书上学。最初小学的几年还好，后来升入初中，情形就变了。学校在镇上，离家八里，我就只有被托付在亲戚家寄住，生平头一次离家远行，依旧是我自己一个人，没有告别，没有护送，依依惜别回望家门的那一刻，整幢的房子里空空荡荡，凄凉得缺失人气，我不知道我的家人究竟都分散在哪里，眼泪扑簌簌地无声落下，我也由此开启了仓皇狼狈的寄住生活。

初中三年的寄住让我饱尝流离失所寄人篱下之苦，以及人情冷暖，而且缺少长期的稳定，我变得敏感、孤僻、怯懦，我不由得会在心里气愤抱怨：我的家，那永远为我亮着灯，守护着一扇温暖的家门到底在哪儿呢？身为形单影只的女孩子，我会遭遇抢劫的威胁，还有险些被强暴的恐怖经历。没有人可以保护我！我的满腔心酸也无处诉说！

父母在城里只是临时落脚，经营简单的小生意，每个月底我都要去他们那里拿我下个月的生活费，父母没有多的言语，只是在把钱交到我手上时会低声嘱咐我：要节省，别乱花……面对亲情中这样的压抑冷漠，有一次我终于忍不住爆发：钱钱钱，你们的嘴里就只剩了这一句？你们就不能问问我别的？长期憋窒心底的愤怒像决堤的洪水肆意泛滥，我极尽疯狂地发泄着，砸烂了他们的玻璃，将所有到手的东西胡乱地扔得满地……父母，没有阻拦，没有回应，只有沉默叹息……看着他们单薄破烂的衣衫，肮脏粗糙并且皴裂的手掌，我稍有惭愧收敛，低头离去……

后来进入高中，可以住校，学习环境的稳定以及个人情绪的安定都相对较好。再后来就考上大学，再再后来就是参加工作、结婚、生子。

（三）救赎

许多年过去了，我们都有了各自不同的生活，而且再没有从前的艰辛困苦，一切似乎平静顺畅。两个姐姐都离父母不远，二姐更是与父母同住，只有我成了北漂在外的游子。父母眼中，我一直算是很懂事省心的孩子，没给他们增添什么麻烦。我的工作、生活顺利满意，很使他们放心。而最近几年父母的生意也有了好转，非但不需要晚辈操心孝敬，还会反过来贴补我们。几次回去探亲团聚，虽然我的个人生活不用父母操心惦记也不缺钱花，但也许是父母内心感觉歉疚，有补偿之意，他们会私下偷偷塞给我一些钱，我只是不动声色地漠然接受，但每次临行，又都会偷偷放到某个地方，等上车后再打电话告诉父母……父母总是低喃乞求般流露：你为什么不拿？你这样，我们心里不得劲儿啊！

潜意识里，我是否真的故意想让他们难过、不堪？我也说不清楚。我没法恨他们，但对我成长经历中亲情关爱的荒漠贫瘠却又是那样的深刻牢记。我确实生活在往昔的阴影里，阴暗人性中不慎流露的恶意让我战栗，我只能尽量地掩盖隐藏，不去触及。有时我也有意选择一些书籍，有心开脱解救自己。直到几天前同事的话让我惊讶不已，他说，原谅别人，是为了宽待自己。我的身心遭受巨大的触动，我开始自省。

最近一次又有机会顺路回家，碰巧父母为了改善环境，家里正在装修，油漆涂料乌烟瘴气，担心污染，夜晚，我和父母就一起挤到店里的小屋去睡。父母分别躺在大床的两头，我侧卧在靠墙的一张沙发上。房间又脏又小，似乎还飘散着一些潮湿的霉味，这一切，像极了我小时候的那间泥巴老屋。那时，五岁的我还跟父母睡在一起，就像现在这样，父亲在一头，我和母亲在另一头。灯关着，我们都看不见彼此。但是我们三个静静地聊着天，说着家长里短，有一句没一句的，谁也不舍得睡去。我们好像都感受到了这种难得的温馨静谧，都想静静地享受这份温情。后来父母都睡着了，悄无声息中，我的眼泪不断涌出来。这一刻我才知道，时间，并非真的万能。许多伤痛，无论你如何努力，长久的无视或掩盖，不经疗救，始终难以忘怀。

于深重的黑暗中，我仔细联想父母如今的模样，他们的身形，他们的神情，仿佛在蜷缩中苍老瘦小，并将眼看着消失无形。我不禁更加深切地悲从中来，心地愈加地软化悲悯。应该说，父母对我是毫无隔阂芥蒂的，他们没有心理障碍。他们甚至曾经心怀愧疚地试图挽救补偿，只是我依旧心存不满，想看他们难受。就如同当年我的那次专横跋扈的发泄，唯一的依仗只是因为我是他们的女儿，他们爱我，甘心忍受。是我强化夸张自私自怜，自以为弱小就将全部的悲惨集中聚焦到我一个人身上，我没有绝对的资格和理由可以无情地批判指责父母。身为父母就理应承受更多，他们的冤屈与苦难又将依靠谁的抚慰呢？

我在自责，我在自责中疗伤，一遍遍地回想。都说"一念地狱，一念天堂"，无非是要求我们要换一个角度看待同一个事情，比如盲人摸象的寓言那样——大象不光是一堵墙。只有客观地考虑问题才能得到真实全面的答案。此时，我仿佛脱离了那个狭隘的个人空间，仿佛脱离了那张逼仄的小床，仿佛抽身事外，仿佛得以救赎和重生，内心是生命的感动、感恩与温暖，轻灵而透彻。